高等院校土建类专业教材

简明工程流体力学

马航海　编著

图书在版编目(CIP)数据

简明工程流体力学/马航海编著.—武汉:武汉大学出版社,2016.5
高等院校土建类专业教材
ISBN 978-7-307-17771-0

Ⅰ.简…　Ⅱ.马…　Ⅲ.工程力学—流体力学—高等学校—教材　Ⅳ.TB126

中国版本图书馆CIP数据核字(2016)第079076号

责任编辑:路亚妮　方竞男　　责任校对:杨赛君　　装帧设计:吴　极

出版发行:**武汉大学出版社**　(430072　武昌　珞珈山)
(电子邮件:whu_publish@163.com　网址:www.stmpress.cn)
印刷:虎彩印艺股份有限公司
开本:787×1092　1/16　印张:8　字数:196千字
版次:2016年5月第1版　2016年5月第1次印刷
ISBN 978-7-307-17771-0　定价:25.00元

前言

“简明工程流体力学”是土木工程专业的力学基础课程，已经出版的流体力学教材中有针对工程应用的教材，但由于各工程专业的性质不同，故其对流体力学知识要求的重点也不同。长期的教学实践表明，对于土木工程各个专业，只需掌握流体力学的基本理论及其应用，为学生打下一定的流体力学基础即可。为此，本书是在综合土木工程专业的教学大纲、教学学时及专业培养目标的基础上，结合土木工程专业学习的共性编写而成的。

本书主要内容围绕“流体力学”课程的教学大纲，以流体力学经典理论为基础，以满足少学时课程教学为目的。本书的编写本着由浅入深、循序渐进的思路，以基本知识点为基础，兼顾工程应用。

本书引用了许多文献，谨向有关文献的作者表示衷心感谢。

由于编者水平有限，书中缺点和不妥之处在所难免，敬请读者批评指正。

编著者

2016 年 2 月

目录

1 流体概述

课前导问

你知道什么是流体吗？流体有哪些类型？流体有哪些区别于固体的特点？研究流体的方法和固体一样吗？为了研究流体，人们采取了哪些办法，做了哪些假定？如果你对流体感兴趣，并且想知道以上问题的答案，那就开始你的流体力学探索之旅吧！

课前提示

理解流体的物理力学特性及各种假定。

1.1 流体力学

流体力学是力学的一个分支，主要研究流体在各种力的作用下的静止状态和运动状态，以及流体和固体间有相对运动时的相互作用和流动规律，并应用于生产和生活的一门实用技术科学。

流体力学可以划分为流体静力学、流体运动学、流体动力学三个分支学科。

(1) 流体静力学

流体静力学主要研究流体处于静止(或相对平衡)状态时，流体内部的一些特性及作用于流体上各种力之间的关系，如流体间的相互作用力、流体对固体表面的作用力等。

(2) 流体运动学

流体运动学主要通过研究位移、速度、加速度等运动要素来分析流体的运动特征，但不考虑力或者能量。

(3) 流体动力学

流体动力学主要研究速度和加速度与流体运动时所受的力之间的关系。

研究时常将流体运动学和流体动力学两者共同考虑，统称为流体动力学。其主要研究流体运动时，作用于流体上的力和运动之间的关系，分析流体的运动特征及能量转换。

1.2 流体的定义

处于自然界中的物质一般有三种存在状态，即固态、液态和气态。液体和气体统称为流体，流体区别于固体的最基本特征是它具有流动性。

流体是流体力学的研究对象，包括液体和气体。

固体由于分子间的距离比较近，分子间的引力大，可以保持固有的形状和体积。在受外荷载作用的情况下，理想的弹性体会发生变形，外荷载消失，弹性体必恢复到原先的状态。若是理想的塑性体，当受外荷载作用时也会发生变形，在材料不发生破坏的情况下，只要外荷载一直存在，变形就会持续下去；移除荷载时，变形随即停止，但不能恢复到原先的状态。而多数固体介于这两者之间，属于弹塑性材料，具有一定的体积和形状，不易变形，可承受压力，也能承受拉力及各种复杂应力。

液体分子间的距离比固体小，但比气体大，其分子间内聚力可将液体维系在一起，不会无限制地膨胀，具有一定的体积，相对不容易压缩。而气体分子间的距离比液体大得多，很容易压缩。当外部无限制时，气体会无限制地膨胀，且只有在完全封闭的状态下才具有一定的体积。流体只能承受压力，几乎不能承受拉力和抵抗拉伸变形。在任何微小切应力作用下，流体很容易发生变形和流动。

流体在微小剪切力作用下连续变形的特性，称为流动性。所以，流体就是在剪切外力作用下会发生流动的物体，它不能在承受剪力的同时使自己保持静止状态。

生产和生活中常见的流体是水和空气，因此我们经常以水和空气作为流体的典型研究对象。

流体作为物质存在的基本形式，必须遵循自然界的普遍规律，如质量守恒定律和能量守恒定律等。流体力学中的基本定理实质上就是这些普遍规律在流体力学中的具体体现和应用。因此，前导课程——大学物理和理论力学是学习流体力学的必要基础，而高等数学则是分析流体力学的必要工具。

1.3 流体的力学模型

实际流体具有各种物理力学特性，研究中如果考虑所有的影响因素，往往会使问题复杂化，得不到需要的结果。因此，研究流体的一般方法是抓住主要矛盾，忽略次要矛盾，将实际问题抽象为力学模型，建立数学方程式，通过求解来获得适用于生产应用的结论，其中建立力学模型成为分析问题的关键。通过大量的研究总结，流体力学常用的力学模型有以下几种。

1.3.1 连续介质模型

流体是由分子组成的，但分子之间有间隙，故流体并不是连续的。因此，基于流体的各种物理量实际上应该也是不连续的，这样就无法用数学的方法来分析流体的各种规律，因为不满足连续介质力学假定。

流体力学研究的是流体的宏观运动规律，一般不涉及流体内部分子的微观运动，即流体分子间的距离与生产上需要的研究尺度相比是极其微小的。因此，可以将流体看作由无数流体质点所组成的无间隙的连续体。

连续介质模型的概念由瑞士数学家、自然科学家莱昂哈德·欧拉(Leonhard Euler)在1755年首先提出，对流体力学的发展有非常重要的作用。其中关于流体质点的表述为：宏观尺寸非常小，大小同一切流动空间相比微不足道，认为其宏观体积极限为零，但微观尺寸足够大，含有大量分子，是具有质量的一个"点"。连续介质模型假设流体是一种由流体质点组成的内部无间隙的连续体，这样就可以将基于流体的物理量视为空间坐标和时间变量的连续函数，并采用数学分析方法来研究流体运动，这为研究流体力学带来了很大的便利。

连续介质模型在流体的宏观分析中有着重要意义，用于一般流动分析是合理的，可以满足研究精度的需要。但在特殊情况下，它就不再适用了，需另行处理，如高空稀薄气体的运动，由于空气稀薄，不能满足在一个流体质点内含有足够多流体分子的条件；高速掺气水流中产生了气泡，流体不再是连续体。

1.3.2 理想流体

实际的流体都具有黏性，黏性的存在给流体运动规律的研究带来很大的困难。为了简化理论分析，我们引入了理想流体的概念。所谓理想流体，是指不考虑黏性的流体，即无黏性流体。理想流体实际上是不存在的，它只是一种简化的力学模型。

在有些问题中，黏性不起(主要)作用，可以忽略黏性的影响，所以流动分析大为简化，容易得出一些规律。所得的规律，对于某些黏性影响很小的流体，能够较好地符合实际；对于黏性影响不能忽略的流体，则可通过实验加以修正。这种考虑黏性的流体称为黏性流体。

1.3.3 不可压缩流体

实际流体都是可压缩的，如果忽略密度的变化，即忽略流体的压缩性，这种流体则称为不可压缩流体。引入不可压缩流体的概念，是在密度的变化对最终结果没有影响或影响不大时所做的一种假定。因此，不可压缩流体是一个理想化的力学模型。对于均质、不可压缩流体，密度无变化，即 ρ 为常数，这样就简化了分析变量，降低了分析难度。

1.4 流体的主要物理力学性质

自然界任何一种物质都有其特定的物理力学性质，流体在各种力的作用下产生的运动规律取决于本身的物理特性。因此，学习流体的物理特性是学好流体力学的基础。

1.4.1 惯性

惯性是物体保持原有状态的一种性质。物体运动状态的任何改变，都必须克服惯性作用。质量是惯性大小的度量，质量越大，惯性越大。当流体受到外力作用而使运动状态发生改变时，流体就要产生反抗这种改变的反作用力（即惯性力），作用到其他物体上。

设物体的质量为 m，加速度为 a，则惯性力为：

$$F = -ma \tag{1-1}$$

式中负号表示惯性力的方向与加速度的方向相反。

密度表示流体单位体积的质量，以 ρ 表示。若某一均质流体，质量为 m，体积为 V，则密度为：

$$\rho = \frac{m}{V} \tag{1-2}$$

对于非均质流体，各点的密度不同，要确定空间某点流体的密度，可在包含该点的周围取一微元体积 ΔV，若它的质量为 Δm，则该点的密度为：

$$\rho = \lim_{\Delta V \to 0} \frac{\Delta m}{\Delta V} = \frac{\mathrm{d}m}{\mathrm{d}V} \tag{1-3}$$

重度表示单位体积流体所受的重力，以 γ 表示，国际单位为 $\mathrm{N/m^3}$。流体的密度和重度的关系为：

$$\gamma = \rho g \tag{1-4}$$

密度 ρ 是绝对量，它只与质量有关；而重度 γ 不是绝对量，它取决于重力加速度 g 的值，g 随着位置的变化而变化。

温度和压强会影响流体的密度变化，在标准大气压下，不同温度下水和空气的密度可见表 1-1和表 1-2。液体的密度随温度和压强的变化很小，一般实际工程中均视为常数，计算时一般采用 $\rho_{水} = 1000\ \mathrm{kg/m^3}$，$\rho_{水银} = 13600\ \mathrm{kg/m^3}$；气体的密度随温度和压强的变化较大，在一个标准大气压条件下，0 ℃时空气的密度 $\rho_{空气} = 1.29\ \mathrm{kg/m^3}$。

表 1-1　**在标准大气压下水的物理特性**

温度 t/℃	密度 ρ/($\mathrm{kg/m^3}$)	重度 γ/($\mathrm{kN/m^3}$)	动力黏性系数 μ/($\times 10^{-3}\ \mathrm{N \cdot s/m^2}$)	运动黏性系数 ν/($\times 10^{-6}\ \mathrm{m^2/s}$)
0	999.8	9.805	1.792	1.792
5	1000.0	9.807	1.519	1.519
10	999.7	9.804	1.310	1.310
15	999.1	9.798	1.145	1.146
20	998.2	9.789	1.009	1.011

续表

温度 t/℃	密度 ρ/(kg/m³)	重度 γ/(kN/m³)	动力黏性系数 μ/ ($\times 10^{-3}$ N·s/m²)	运动黏性系数 ν/ ($\times 10^{-6}$ m²/s)
25	997.0	9.777	0.895	0.897
30	995.7	9.765	0.800	0.803
40	992.2	9.731	0.654	0.659
50	988.0	9.690	0.549	0.556
60	983.2	9.642	0.469	0.478
70	977.8	9.589	0.406	0.415
80	971.8	9.530	0.357	0.367
90	965.3	9.467	0.317	0.328
100	958.4	9.399	0.284	0.296

表 1-2 **在标准大气压下空气的物理特性**

温度 t/℃	密度 ρ/(kg/m³)	重度 γ/(N/m³)	动力黏性系数 μ/ ($\times 10^{-6}$ N·s/m²)	运动黏性系数 ν/ ($\times 10^{-6}$ m²/s)
−40	1.515	14.86	14.9	9.8
−20	1.395	13.68	16.1	11.5
0	1.293	12.68	17.1	13.2
10	1.248	12.24	17.6	14.1
20	1.205	11.82	18.1	15.0
30	1.165	11.43	18.6	16.0
40	1.128	11.06	19.0	16.8
60	1.060	10.40	20.0	18.7
80	1.000	9.81	20.9	20.9
100	0.946	9.28	21.8	23.1
200	0.747	7.33	25.8	34.5

1.4.2　万有引力

物体之间具有互相吸引的性质，其吸引力称为万有引力。

在流体力学中，一般只需考虑地球对流体的引力，即重力，用符号 G 来表示，单位为 N 或 kN。重力 G 与质量 m、重力加速度 g 的关系是

$$G = mg = \rho V g \tag{1-5}$$

1.4.3　黏性

流体具有流动性，静止时不能承受任何微小的切应力而无法抵抗剪切变形。但当流体处在运动状态时，若流体质点之间存在着相对运动，则质点间要产生内摩擦力，以抵抗其相对运动，这种性质称为黏性，内摩擦力称为黏滞力。流体的黏性是流体固有的属性，是流体中发生机械能损失的根源。

为了研究流体的黏性，假定两块平行平板足够大，其边缘条件可以忽略，两板距离 Y 很小，板间充满流体。下板固定不动，上板在力 F 作用下以速度 U 平行于下板运动。在边界处，流体微团黏附在壁面上，因而其相对于壁面的速度为 0，这就是无滑移条件，对一切黏性流体都适用。因此，与上板接触的流体速度一定是 U，与下板接触的流体速度为 0。在间距 Y 不太大和速度 U 不高时，两板间各流层的速度变化为线性相关。图 1-1 所示为黏性示意图。

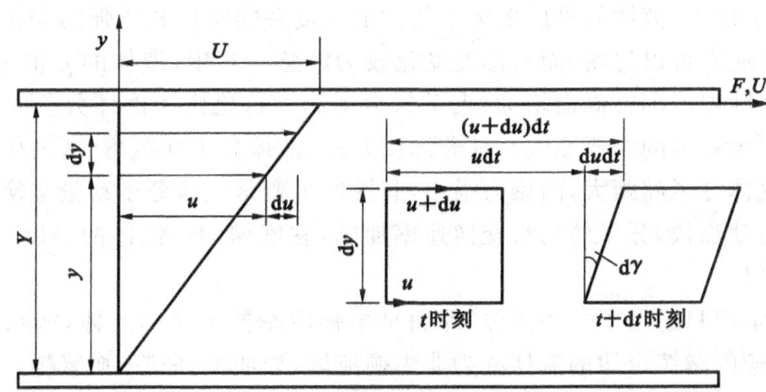

图 1-1　黏性示意图

由图 1-1 可知，上板带动黏附在板上的流层运动，并影响内部各流层的运动，速度快的带动速度慢的向前滑移，流层间存在的剪切力即为内摩擦力。

对于图 1-1 所示状态，实验证明有下列公式成立：

$$F = \mu A \frac{\mathrm{d}u}{\mathrm{d}y} \tag{1-6}$$

切应力表示为：

$$\tau = \frac{F}{A} = \mu \frac{\mathrm{d}u}{\mathrm{d}y} \tag{1-7}$$

式(1-6)、式(1-7)称为牛顿内摩擦定律，即流体的内摩擦力 F 与流体的性质有关，与速度梯度$\frac{\mathrm{d}u}{\mathrm{d}y}$成正比，与接触面积 A 成正比，与接触面上的压力无关。

式中，流速梯度$\frac{du}{dy}$为速度在流层法线方向的变化率。在距离为 dy 的上、下两流层间取矩形流体微元，如图 1-1 所示，因微元上、下层的速度相差 du，经时间 dt，微团除位移外，还有剪切变形 $d\gamma$。由于 dt 很小，$d\gamma$ 也很小，因此有：

$$d\gamma \approx \tan(d\gamma) = \frac{du dt}{dy}$$

$$\frac{du}{dy} = \frac{d\gamma}{dt} \tag{1-8}$$

因此，牛顿内摩擦定律又可写成：

$$\tau = \mu \frac{d\gamma}{dt} \tag{1-9}$$

可见，速度梯度就是角变形速度，它是在切应力作用下发生的，因此也称为剪切变形速度。所以，牛顿内摩擦定律也可理解为切应力与剪切变形速度呈比例关系。比例系数 μ 称为动力黏性系数，简称黏度，单位为 $N \cdot s/m^2$。

动力黏性系数是流体黏性大小的度量，在涉及黏度的许多问题中会经常同时出现 μ 和 ρ 的比值。因此在实际计算中，人们常用运动黏性系数 ν（单位：m^2/s）来表示，即

$$\nu = \frac{\mu}{\rho} \tag{1-10}$$

一般在相同条件下，液体的黏度要大于气体的黏度并随温度和压强的变化而变化，但其随压强的变化很小，通常可以忽略，而对温度变化较为敏感。其中，液体的 μ 值随温度的升高而减小，气体的 μ 值随温度的升高而增大（表 1-1、表 1-2）。这是由于液体分子间距较小，内聚力较大（内聚力是产生黏度的主要原因），随着温度升高，液体分子间距增大，内聚力减小，从而使液体黏度减小；气体分子间距大，内聚力很小，其黏度主要是气体分子动量交换的结果，温度升高时，气体分子运动加快，分子的动量交换速率加剧，黏度增加。流体的黏度在工程实际中可查阅相关资料获得。

牛顿内摩擦定律只适用于牛顿流体，即满足牛顿内摩擦定律的流体，如水、汽油、酒精、空气等。不满足牛顿内摩擦定律的流体称为非牛顿流体，如油漆、泥浆、血浆等。

1.4.4 压缩性与膨胀性

流体的压缩性是指流体受压后，体积缩小，密度增大，除去外力后能恢复原状的性质。流体的膨胀性是指流体受热后，体积增大，密度减小，温度下降后能恢复原状的性质。液体和气体虽均属于流体，但其压缩性和膨胀性不一样，下面分别说明。

1. 液体的压缩性与膨胀性

(1) 液体的压缩性

液体的压缩性用压缩系数来表示，表示在一定的温度下，压强增大 1 个单位时体积的相对缩小率。

某液体在压强为 p 时，其体积为 V，当压强增加 dp 时，体积将缩小 dV，则其压缩系数为：

$$\kappa = -\frac{dV/V}{dp} = -\frac{1}{V}\frac{dV}{dp} \tag{1-11}$$

κ 的单位是压强单位的倒数，即 Pa^{-1}。式(1-11)中的负值表示考虑液体受压，p 增大，V 减小，为负值，为使 κ 为正值，故取负号。

根据液体质量守恒定律

$$dm = d(\rho V) = \rho dV + V d\rho = 0$$

得

$$-\frac{dV}{V} = \frac{d\rho}{\rho}$$

所以，压缩系数 κ 可表示为：

$$\kappa = \frac{1}{\rho}\frac{d\rho}{dp} \tag{1-12}$$

压缩系数的倒数是体积弹性模量，用 K(单位：Pa)表示，即

$$K = \frac{1}{\kappa} = -V\frac{dp}{dV} = \rho\frac{dp}{d\rho} \tag{1-13}$$

K 值越大，表示液体越不容易压缩，当 $K \to \infty$ 时，表示液体绝对不可压缩。

液体的压缩系数随温度和压强的变化而变化。水的压缩系数 κ 见表 1-3，表中压强单位为工程大气压，且 1 at=98000 Pa。

表 1-3 **水的压缩系数 κ($\times 10^{-9}$ Pa^{-1})**

温度/℃ \ 压强/at	5	10	20	40	80
0	0.540	0.537	0.531	0.523	0.515
10	0.523	0.518	0.507	0.497	0.492
20	0.515	0.505	0.495	0.480	0.460

(2) 液体的膨胀性

液体的膨胀性用体积膨胀系数 α_V 来表示，它表示在一定的压强下，温度每增加 1 ℃，液体体积的相对变化率，单位为 K^{-1} 或 $℃^{-1}$。若液体的原体积为 V，温度升高 dT 后，体积增加 dV，则其体积膨胀系数为：

$$\alpha_V = \frac{1}{V}\frac{dV}{dT} = -\frac{1}{\rho}\frac{d\rho}{dT} \tag{1-14}$$

α_V 越大，表示液体越容易膨胀。液体的膨胀系数随压强和温度的变化而变化。水的膨胀系数 α_V 见表 1-4。

表 1-4 **水的膨胀系数 α_V($\times 10^{-4}$ $℃^{-1}$)**

压强/at \ 温度/℃	1～10	10～20	40～50	60～70	90～100
1	0.14	1.50	4.22	5.56	7.19
100	0.43	1.65	4.22	5.48	7.04
200	0.72	1.83	4.26	5.39	

从表 1-3 和表 1-4 中可以看出，水的压缩性和膨胀性都很小，压强每升高一个大气压，水的密度约增加 1/20000；在常温（10～20 ℃）情况下，温度每增加 1 ℃，水的密度约减小 3/20000。

在一般情况下，水的压缩性和膨胀性可忽略不计，只有在特殊情况下（如水管阀门突然关闭时所发生的水击现象，热水采暖系统发生水的自然循环）才需考虑水的压缩性和膨胀性。

2. 气体的压缩性和膨胀性

气体具有比较显著的压缩性和膨胀性。气体的密度随压强和温度的不同而发生显著的变化。在常温常压下，常用气体（如空气、氮气、氧气、二氧化碳）的密度（ρ）、热力学温度（T）、气体的绝对压强（p）三者之间的关系符合理想气体状态方程，即

$$\frac{p}{\rho} = RT \tag{1-15}$$

式中 p——气体的绝对压强，N/m^2；

ρ——密度，kg/m^3；

T——热力学温度，K；

R——气体常数，J/(kg·K)，在标准状态下，$R=8314/M$，M 为气体的分子量。

空气的气体常数 $R=287$ J/(kg·K)。

当气体压强很高而温度很低，或接近于液体时，就不能当作理想气体看待，且式(1-15)不适用。气体的压缩性远大于液体的压缩性，是可压缩流体。需指出的是，土木工程中常见的气流运动，如通风管道、低温烟道，其管道不太长，气流的速度不太大，远小于声速（约 340 m/s），气流在流动过程中的密度没有发生明显变化，仍可当作不可压缩流体处理。

1.4.5 表面张力特性

液体具有内聚性和吸附性，这两者都是分子引力的表现形式。内聚性使液体能抵抗拉伸应力，而吸附性则使液体可以黏附在其他物体上面。

在液体和气体的分界处，即液体表面及两种不能混合的液体之间的界面处，由于分子之间的吸引力，产生了极其微小的拉力。假想在表面处存在一个薄膜层，它承受着此表面的拉伸力，液体的这一拉力称为表面张力。

由于表面张力仅在液体自由表面或两种不能混合的液体之间的界面处存在，一般用表面张力系数 σ 来衡量其大小。σ 表示表面上单位长度所受拉力的数值，单位为 N/m。各种液体的表面张力涵盖范围很广，其数值随温度的增大而略有降低。

在我们的日常生活中，雨后水滴在枝头悬而不落，水面稍高出杯口而不外溢等现象，都是表面张力作用的结果。

毛细管现象是流体通过细管或多孔介质时表现出来的受力属性。在流体力学试验中，经常使用盛有水（或水银）的细玻璃管做测压计，由于表面张力的影响，玻璃管中的液面和与之相通的容器中的液面不在同一水平面上。若玻璃管中是水，由于水的内聚力小于水同玻璃管的附着力，玻璃管中液面上升；若是水银，由于水银的内聚力大于水银同玻璃管的附着力，玻璃管中的液面下降，这就是物理学中所说的毛细管现象（图 1-2）。表面张力造成了毛细管现象。

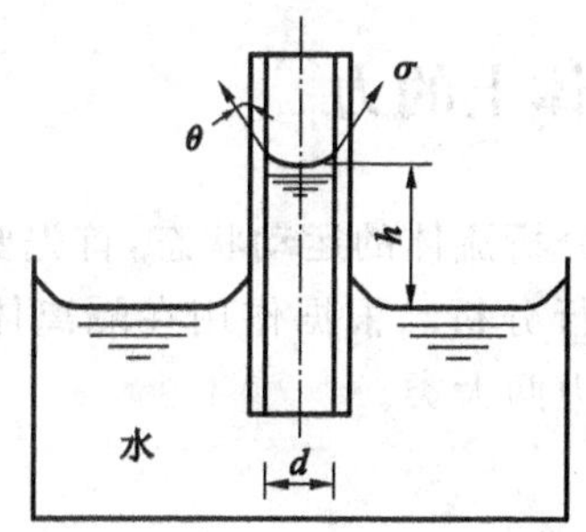

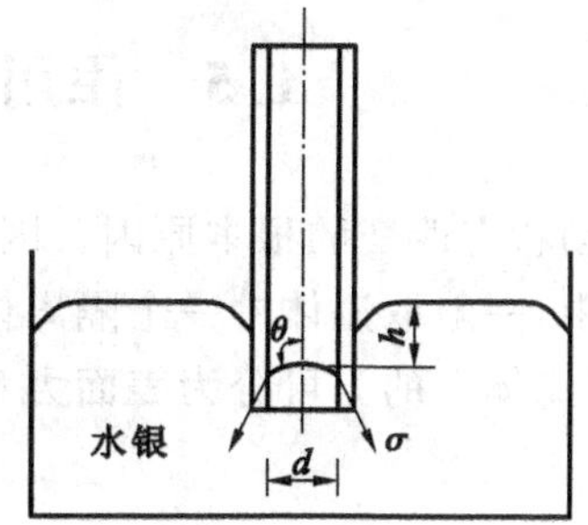

图 1-2　毛细管现象

毛细管液面上升和下降的高度可以根据表面张力的大小来确定。当温度为 20 ℃时，水在玻璃管中上升的高度为：

$$h=\frac{29.8}{d}$$

水银在玻璃管中下降的高度为：

$$h=\frac{10.5}{d}$$

式中　h——水或水银在玻璃管中上升或下降的高度，mm；

d——玻璃管直径，mm。

上式表明，液面上升或下降的高度与管径成反比，即玻璃管内径越小，液面差值越大，毛细管现象引起的误差越大。所以，实验室用的测压管内径不宜过小(一般不小于 10 mm)，同时要注意毛细管作用所引起的误差。

1.5 作用在流体上的力

力是物体运动状态改变的根本原因。因此，要分析流体的运动状态，首先要分析作用在流体上的力。研究中，一般取流体中一个隔离体来进行分析。根据作用在隔离体上力的作用方式的不同，作用在流体上的力可分为表面力和质量力两大类。

1.5.1 表面力

表面力作用于隔离体的表面，其大小和作用面相关。表面力是相邻流体或其他物体对隔离体作用的结果。

若在运动的流体内取隔离体作为研究对象，周围流体对隔离体的作用如图 1-3 所示。

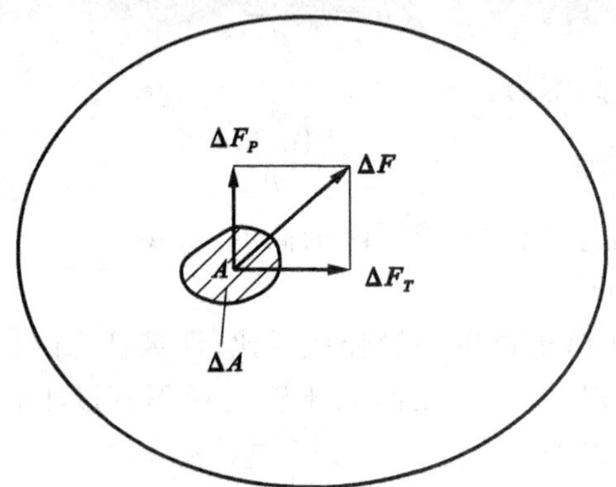

图 1-3 表面力

设 A 点为隔离体上一点，包含 A 点取微小面积 ΔA，其上总表面力为 ΔF，将其分解为法向分力 $p\left(\text{压应力}, p=\frac{\Delta F_P}{\Delta A}\right)$和切向分力 $\tau\left(\text{切应力}, \tau=\frac{\Delta F_T}{\Delta A}\right)$。

若使微小面积 ΔA 无限缩小至 A 点，则 $p_A=\lim\limits_{\Delta A\to 0}\frac{\Delta F_P}{\Delta A}$，即为 A 点的压应力，一般称为 A 点的压强；$\tau_A=\lim\limits_{\Delta A\to 0}\frac{\Delta F_T}{\Delta A}$，即为 A 点的切应力。

1.5.2 质量力

质量力作用在流体内部每个质点上，其大小与流体质量成正比。对于均质流体，质量与体积成比例，质量力与流体的体积也成比例，所以质量力又称体积力。惯性力和重力是最常见的质量力。

某一质量为 m 的均质流体，作用于其上的质量力为 $\boldsymbol{F}$，则其所受的单位质量力 $\boldsymbol{f}$ 为：

$$\boldsymbol{f}=\frac{\boldsymbol{F}}{m} \tag{1-16}$$

若总的质量力 $\boldsymbol{F}$ 在三个坐标轴上的投影分别为 $\boldsymbol{F}_x$、$\boldsymbol{F}_y$、$\boldsymbol{F}_z$，则单位质量力 $\boldsymbol{f}$ 在相应坐标轴上的投影分别为 $\boldsymbol{f}_x$、$\boldsymbol{f}_y$、$\boldsymbol{f}_z$，则有：

$$\begin{cases} \boldsymbol{f}_x = \dfrac{\boldsymbol{F}_x}{m} \\ \boldsymbol{f}_y = \dfrac{\boldsymbol{F}_y}{m} \\ \boldsymbol{f}_z = \dfrac{\boldsymbol{F}_z}{m} \end{cases} \tag{1-17}$$

若用矢量表示，则单位质量力为：

$$\boldsymbol{f} = f_x\boldsymbol{i} + f_y\boldsymbol{j} + f_z\boldsymbol{k} \tag{1-18}$$

如果作用在流体上的质量力只有重力，则单位质量力为：

$$f_x = 0,\quad f_y = 0,\quad f_z = \frac{-mg}{m} = -g \tag{1-19}$$

※1.6 流体力学发展简史(选学)

流体力学作为经典力学的一个重要分支,其发展与数学、力学的发展密不可分。它是人类在长期与自然灾害做斗争的过程中逐步认识和掌握自然规律而逐渐发展形成的,是人类集体智慧的结晶。

人类最早对流体力学的认识是从治水、灌溉、航行等方面开始的。4000多年前的大禹治水说明,我国古代已有大规模的水利工程。我国在公元前256—前210年间便修建了都江堰、郑国渠、灵渠三大水利工程,特别是李冰父子领导修建的都江堰,既有利于岷江洪水的疏排,又能常年用于灌溉农田,还总结出"深淘滩,低作堰""遇弯截角,逢正抽心"的治水原则。这说明,那时对明槽水流和堰流流动规律的认识已经达到较高水平。

西汉武帝(公元前156—前87)时期,为引洛水灌溉农田,人们在黄土高原上修建了龙首渠,创造性地采用了井渠法,即用竖井沟通长十余里的穿山隧洞,有效地防止了黄土的塌方。

在古代,以水为动力的简单机械也有了长足的发展,如用水轮提水,或通过简单的机械传动去碾米、磨面等。东汉杜诗任南阳太守时(公元37年)曾创造水排(水力鼓风机),利用水力传动机械,使皮制鼓风囊连续开合,将空气送入冶金炉,且这项利用水力传动的技术比西欧约早了1100年。

铜壶滴漏(铜壶刻漏)是一种计时工具,其利用孔口出流使铜壶内的水位变化来计算时间。这说明,那时对孔口出流已有相当的认识。

北宋(960—1127)时期,在运河上修建的真州船闸与14世纪末荷兰的同类船闸相比,约早300多年。明朝的水利家潘季驯(1521—1595)提出了"筑堤防溢,建坝减水,以堤束水,以水攻沙"和"借清刷黄"的治理黄河的原则,并著有《两河管见》《两河经略》和《河防一览》等。

15世纪以前,我国的科学技术在世界上处于领先地位。后来因封建统治阶级轻视科学,将其视为雕虫小技,严重阻碍了我国科学技术的发展,致使我国的科学技术基本上处于实验的定性阶段,而未能上升为严密、系统的科学理论。

欧美历史上有记载的最早从事流体力学研究的是古希腊哲学家、数学家、物理学家阿基米德(Archimedes,公元前287—前212),他在公元前250年发表学术论文《论浮体》,第一次阐明了相对密度的概念,发现了物体在流体中所受浮力的基本原理——阿基米德原理。

著名画家列奥纳多·迪·皮耶罗·达·芬奇(1452—1519)设计建造了一小型水渠,系统地研究了物体的沉浮、孔口出流、物体的运动阻力及管道、明渠中水流等问题。

伽利略(Galileo,1564—1642)在流体静力学中应用了虚位移原理,并首先提出了运动物体的阻力随着流体介质密度的增大和速度的提高而增大的规律。

托里拆利(Torricelli,1608—1647)论证了孔口出流的基本规律。

帕斯卡(Pascal,1623—1662)提出了密闭流体能传递压强的原理——帕斯卡原理。

牛顿(Newton,1643—1727)于1687年出版了《自然哲学的数学原理》,研究了物体在阻尼介质中的运动,建立了流体内摩擦定律,为黏性流体力学初步奠定了理论基础,并讨论了波浪运动等问题。

伯努利(1700—1782)在1738年出版的《流体动力学》中，建立了流体位置势能、压强势能和动能之间的能量转换关系——伯努利方程。在此历史阶段，很多学者的工作奠定了流体静力学的基础，促进了流体动力学的发展。

欧拉(1707—1783)是经典流体力学的奠基人，他于1755年发表《流体运动的一般原理》，提出了流体的连续介质模型，建立了连续性微分方程和理想流体的运动微分方程，给出了不可压缩理想流体运动的一般解析方法。他提出了研究流体运动的方法及速度势的概念，并论证了速度势应当满足的运动条件和方程。

达朗伯(1717—1783)于1744年提出了达朗伯疑难(又称达朗伯佯谬)，即在理想流体中运动的物体既没有升力也没有阻力，从反面说明了理想流体假定的局限性。

约瑟夫·拉格朗日(Joseph-Louis Lagrange，1736—1813)提出了新的流体动力学微分方程，使流体动力学的解析方法有了进一步发展。他严格地论证了速度势的存在，并提出了流函数的概念，为应用复变函数解析流体定常的和非定常的平面无旋运动开辟了道路。

弗劳德(1810—1879)对船舶阻力和摇摆的研究颇有贡献，他提出了船模试验的相似准则数——弗劳德数，建立了现代船模试验技术的基础。

亥姆霍兹(1821—1894)和基尔霍夫(1824—1887)对旋涡运动和分离流动进行了大量的理论分析和实验研究，提出了表征旋涡基本性质的旋涡定理、带射流的物体绕流阻力等。

纳维首先提出了不可压缩黏性流体的运动微分方程组。斯托克斯严格地导出了这些方程，并把流体质点的运动分解为平动、转动、均匀膨胀或压缩及由剪切所引起的变形运动。后来引用时，该方程统称为纳维-斯托克斯方程。

著名的学者谢才(Chézy)在1755年便总结出明渠均匀流公式——谢才公式，一直沿用至今。

雷诺(Reynolds，1842—1912)1883年用实验证实了黏性流体的两种流动状态——层流和紊流的客观存在，找到了实验研究黏性流体流动规律的相似准则数——雷诺数，以及判别层流和紊流的临界雷诺数，为流动阻力的研究奠定了基础。

瑞利(1842—1919)在相似原理的基础上，提出了实验研究的量纲分析法中的一种方法——瑞利法。

库塔(1867—1944)在1902年就曾提出绕流物体上的升力理论，但没有在通行的刊物上发表。

普朗特(1875—1953)建立了边界层理论，解释了阻力产生的机制，还针对航空技术和其他工程技术中出现的紊流边界层，提出了混合长度理论。1918—1919年间，普朗特论述了大展弦比的有限翼展机翼理论，对现代航空工业的发展做出了重要贡献。

茹科夫斯基(1847—1921)从1906年起，发表了《论依附涡流》等论文，找到了翼型升力和绕翼型环流之间的关系，建立了二维升力理论的数学基础。他还研究过螺旋桨的涡流理论及低速翼型和螺旋桨桨叶剖面等。他的研究成果对空气动力学的理论和实验研究都有重要贡献，为近代高效能飞机设计奠定了基础。

卡门(1881—1963)在1911—1912年连续发表的论文中，提出了分析带旋涡尾流及其所产生阻力的理论，这种尾涡的排列称为卡门涡街。卡门在1930年的论文中，提出了计算紊流粗糙管阻力系数的理论公式，在紊流边界层理论、超声速空气动力学、火箭及喷气技术等方面都有不少贡献。

布拉修斯(Blasius)在1913年发表的论文中，提出了计算紊流光滑管阻力系数的经验公式。

伯金汉(Buckingham)在1914年发表的《在物理的相似系统中量纲方程应用的说明》论文中提出了著名的π定理，进一步完善了量纲分析法。

尼古拉兹(Nikuradse)在1933年发表的论文中，公布了他对砂粒粗糙管内水流阻力系数的实测结果——尼古拉兹曲线，据此他还给紊流光滑管和紊流粗糙管的理论公式选定了应有的系数。

科勒布茹克(Colebrook)在1939年发表的论文中，提出了把紊流光滑管区和紊流粗糙管区联系在一起的过渡区阻力系数计算公式。

穆迪(Moody)在1944年发表的论文中，给出了他绘制的实用管道的当量糙粒阻力系数图——穆迪图。至此，有压管流的水力计算已渐趋成熟。

我国科学家钱学森(Qian Xuesen)在1938年发表的论文中，提出了平板可压缩层流边界层的解法——卡门-钱学森解法。他在空气动力学、航空工程、喷气推进、工程控制论等技术科学领域做出了许多开创性的贡献。

自20世纪以来，高新技术工业的出现和发展，特别是电子计算机的出现、发展和广泛应用，大大推动了科学技术的发展。工业生产和尖端技术的发展需要，促使流体力学和其他学科相互浸透，形成了许多边缘学科，使这一古老的学科发展成包括多个学科分支的全新的学科体系，焕发出强大的生机和活力。目前，这一全新的学科体系已包括(普通)流体力学、黏性流体力学、流变学、气体动力学、稀薄气体动力学、水动力学、渗流力学、非牛顿流体力学、多相流体力学、磁流体力学、化学流体力学、生物流体力学、地球流体力学、计算流体力学等。

1.7 流体力学在工程中的应用

流体力学广泛应用于生产实践，生产实践又推动了流体力学的发展。例如，重工业中的冶金、电力、采掘等工业，轻工业中的纺织、造纸等工业，交通运输业中的飞机、火车、船舶设计，农业中的农田灌溉、水利建设、河道整治等工程中，都有大量的流体力学问题需要解决。

流体力学在土木工程的各个领域都有广泛应用。例如，建筑施工供水流量、供水管道、供水压力的确定，基坑排水量的确定，地基基础水荷载计算，水景景观设计等问题都需要流体力学来解决。在给水排水工程中，水在给水排水管网中的流动、给水处理厂和污水处理厂中水的流动、水源（江、河、湖、海）地下水流动、水井井水抽升与输送等诸多问题都需要应用流体力学知识去解决。

在建筑工程和桥梁工程中，基坑排水、地基抗渗稳定处理、桥渡设计都要以流体力学为理论基础进行水力分析和计算；给水排水系统的设计和运行控制及供热、通风与空调设计和设备选用，更是离不开流体力学。涉及铁路和公路的桥梁、路基的排水，也需要用到很多流体力学知识。在道路桥梁交通中，桥涵水力学问题、路边排水，大桥水下施工中的水力学等诸多问题都涉及流体力学的内容。

结构工程中，高耸建筑物一般都要做风洞试验，研究解决风对高耸建筑物的荷载作用和风振问题；大跨度柔性桥梁的抗风性能研究就是空气动力学的一个典型应用；基坑施工时一般要考虑地下水，降水计算需用到流体力学知识；隧道中的通风效应，如何计算隧道施工运营中的通风问题，风机如何安置，采用哪种通风方式都是很典型的流体力学知识的应用；高速铁路隧道的空气动力学效应，由于高铁的速度快，进出隧道时都会产生活塞效应，还有“空气炮”，也要用到流体力学知识来解决；修明渠和城市管网设计（市政工程）用到的基本上都是经典的流体力学知识。

流体力学不仅用于解决单项土木工程与水和气的问题，更能帮助工程技术人员进一步认识土木工程与大气和水环境的关系。一方面，大气和水环境对建筑物和构筑物的作用是长期的、多方面的，其中台风、洪水会直接摧毁房屋、桥梁、堤坝，造成巨大的自然灾害；另一方面，兴建大型厂矿、公路、铁路、桥梁、隧道、江海堤坝和水坝等，都会对大气和水环境造成不利影响，导致生态环境恶化，甚至加重自然灾害，这方面国内外都已有惨痛教训。我们只有学会流体力学，科学处理好土木工程与环境的关系，才能与自然和谐共存。

1.8 流体力学的研究方法

目前,流体力学问题的解决方法主要有理论分析方法、实验研究方法和数值分析方法三种。

1.8.1 理论分析方法

理论分析方法的一般过程为:先建立力学模型,即针对实际流体的力学问题,分析其中的各种矛盾并抓住主要方面,对问题进行简化,建立反映问题本质的力学模型;再用物理学基本定律推导流体力学的数学方程,用数学方法求解方程,检验并解释求解结果。理论分析结果能揭示流动的内在规律,具有普遍适用性,但其分析范围有限。这个过程涉及较深的数学问题,有不少问题目前还难以从纯数学角度进行求解,必须借助其他方法,常用的就是做实验。

1.8.2 实验研究方法

实验研究方法的一般过程为:在相似理论的指导下建立模拟实验系统,用流体测量技术测量流动参数,处理和分析实验数据。典型的流体力学实验有:风洞实验、水洞实验、水池实验等。流体测量技术有:热线、激光测速,粒子图像、迹线测速,高速摄影,全息照相,压力密度测量等。现代测量技术在计算机、光学和图像技术配合下,在提高空间分辨率和实时测量方面已取得长足进步。流体力学实验结果能反映工程中的实际流动规律,发现新现象,检验理论结果,但结果的普适性较差。

1.8.3 数值分析方法

数值分析方法的一般过程为:对流体力学数学方程做简化和数值离散化处理,编制程序做数值计算,将计算结果与实验结果进行比较。其常用的方法有:有限差分法、有限元法、有限体积法、边界元法、谱分析法等。计算的内容包括:飞机、汽车、河道、桥梁、涡轮机等流场计算,湍流、流动稳定性、非线性流动等数值模拟。目前,大型工程计算软件已成为研究工程流动问题的重要工具。数值分析方法的优点是能计算理论分析方法无法求解的数学方程,比实验研究方法省时、省钱,但毕竟是一种近似解方法,适用范围受数学模型的正确性和计算机的性能限制。

上述三种方法各有优点和缺点,应取长补短,互为补充。流体力学的研究不仅需要深厚的理论基础,还需要很强的动手能力。学生在学习过程中应注意理论与实践相结合,以及理论分析、实验研究和数值分析并重。

独立思考

1-1　流体力学有哪些力学假定？如何理解这些假定的作用？

1-2　什么是流体的流动性？

1-3　什么是牛顿流体？试举出5种常见的牛顿流体。

1-4　牛顿流体的τ与$\frac{du}{dy}$的关系曲线有一固定斜率，那么τ与$\frac{du}{dy}$的关系曲线有固定斜率的流体一定是牛顿流体吗？

1-5　什么是理想流体？理想流体与实际流体有何区别？

1-6　荷叶表面为什么不沾水？什么是表面张力？举例说明表面张力在生活中的应用。

1-7　连续性假定对流体力学的发展有何作用？

1-8　作用在流体上的力可以分为哪两类？如何区分？试举例说明。

1-9　有一些处于标准海平面压强(101.33 kPa)及20 ℃条件下的自由空气受到压缩，其压强为2000 kPa，温度为20 ℃。由表1-2查得，其运动黏性系数$\nu=15\times10^{-6}\ m^2/s$，这个$\nu$值正确吗？若不正确，正确的$\nu$值应为多少？

1-10　试解释防污织物的流体力学原理。

习　题

1-1　根据连续介质的概念，流体质点是指(　　)。

A. 流体的分子

B. 流体内的固体颗粒

C. 几何的点

D. 几何尺寸同流体空间相比是极小量，又含有大量分子的微元体

1-2　流体动力黏性系数在通常压力下，主要随温度发生变化，以下说法正确的是(　　)。

A. 动力黏性系数随温度的上升而增大

B. 水的动力黏性系数随温度的上升而增大

C. 空气的动力黏性系数随温度的上升而增大

D. 空气的动力黏性系数随温度的上升而减小

1-3　(　　)流体可作为理想流体模型处理。

A. 不可压缩　　B. 速度分布为线形　　C. 黏度为零　　D. 黏度很小

1-4　不可压缩流体的特征是(　　)。

A. 温度不变　　B. 密度不变　　C. 压强不变　　D. 体积不变

1-5　用小直径($d<8$ mm)测压管测水的压强时，测得的计算压强与实际压强比较应(　　)。

A. 稍大　　B. 稍小　　C. 一样　　D. 不定

1-6　如图1-4所示，一块平板(尺寸为300 mm×800 mm)在力的作用下在油面上做水平运动。已知：油的动力黏性系数$\mu=0.85\ N\cdot s/m^2$，油膜厚度$\delta=0.5$ mm。若以速度$v=1.5$ m/s拉动此平板，求所需力F。

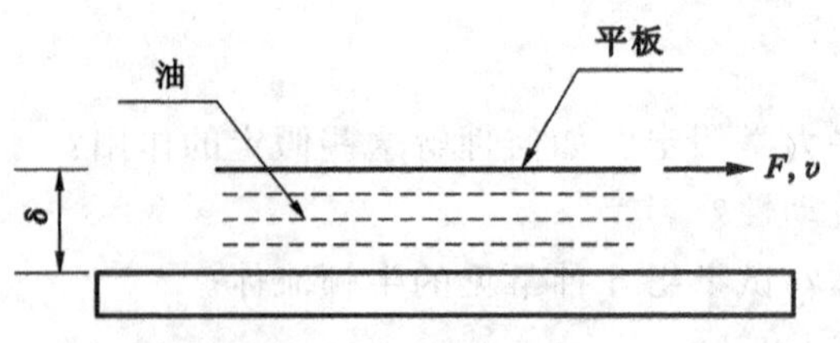

图 1-4 习题 1-6 图

1-7 如图 1-5 所示，已知平板面积 $A=400\ cm^2$ (20 cm×20 cm)，$m=12$ kg，平板以等速 $v=0.15$ m/s下滑，$\delta=1.0$ mm，$\rho=900\ kg/m^3$。求润滑油的动力黏性系数 μ 及运动黏性系数 ν。

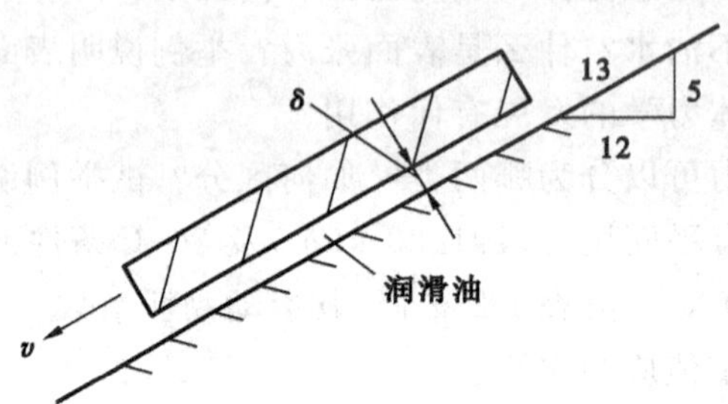

图 1-5 习题 1-7 图

参考文献

[1] 方达宪，张红亚. 流体力学[M]. 武汉：武汉大学出版社，2013.

[2] 李玉柱，苑明顺. 流体力学[M]. 2 版. 北京：高等教育出版社，2008.

[3] 谢振华. 工程流体力学[M]. 4 版. 北京：冶金工业出版社，2013.

[4] 陈卓如. 工程流体力学[M]. 3 版. 北京：高等教育出版社，2013.

[5] 吴持恭. 水力学：上册[M]. 4 版. 北京：高等教育出版社，2008.

[6] 毛根海. 应用流体力学[M]. 北京：高等教育出版社，2006.

[7] [美]E. John Finnemore，Joseph B. Franzini. 流体力学及其工程应用[M]. 钱翼稷，周玉文，等，译. 北京：机械工业出版社，2009.

[8] 刘鹤年. 流体力学[M]. 2 版. 北京：中国建筑工业出版社，2004.

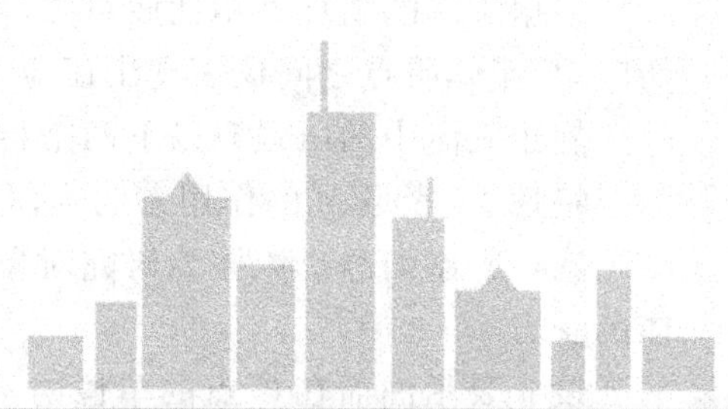

2 流体静力学

课前导问

空气有压强吗？如果有，你能感受到空气对你的压力吗？大坝和轮船的设计考虑流体的静压强吗？为什么体检时要测血压？流体的静压强在生活和生产中有哪些应用？阿基米德是如何发现浮体定律的？如果你对流体的静压强感兴趣，那就开始流体静力学的探索吧！

课前提示

理解并掌握流体静压强的原理及分析方法。

2.1 流体静止时的压强特性

根据流体的物理力学性质可知，流体处于静止状态时，质点之间无相对运动，内部不存在切应力，流体质点之间仅表现出压应力，即静压强。

静止流体中的压强有以下两个特性。

特性 1 静压强的作用方向为作用面的内法线方向，即垂向性。

选择容器内静止流体为研究对象，选取流体内部的曲面 ab(图 2-1)，研究曲面 ab 下侧流体的受力。

设 $\boldsymbol{n}$ 表示曲面在 C 点的单位内法线矢量，由静压强的方向性可知，压强 p 的方向应与 $\boldsymbol{n}$ 的方向一致。假设静压强 p 的方向与作用面 ab 的内法线方向不一致，则 p 可以分解为切向分量 τ 和法线分量 p_n(图 2-2)。根据流体的性质，在切应力的作用下，流体将流动，与静止流体的假设不符。因此，p 的作用方向与作用面的内法线方向一致。

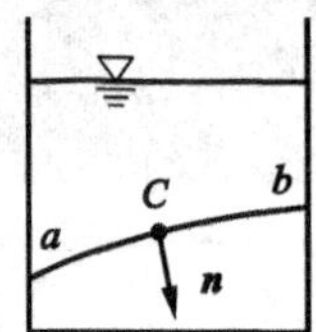

图 2-1 静止流体的压强

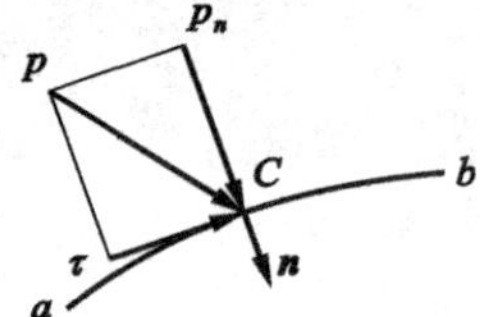

图 2-2 静压强的垂向性

特性 2 静压强在各个方向的数值相等，即各向等值性。

在静止流体中任选一点 $A(x,y,z)$，以 A 点为顶点，取一微元四面体 $Aabc$，如图 2-3 所示。三个互相垂直的平面△Aac、△Abc、△Aab 分别与坐标轴 x、y、z 垂直。正交的三棱体边长分别为 $\mathrm{d}x$、$\mathrm{d}y$、$\mathrm{d}z$；斜面为△abc，方向任意。四面体处于静止流体中，因此，它在外力作用下处于平衡状态。

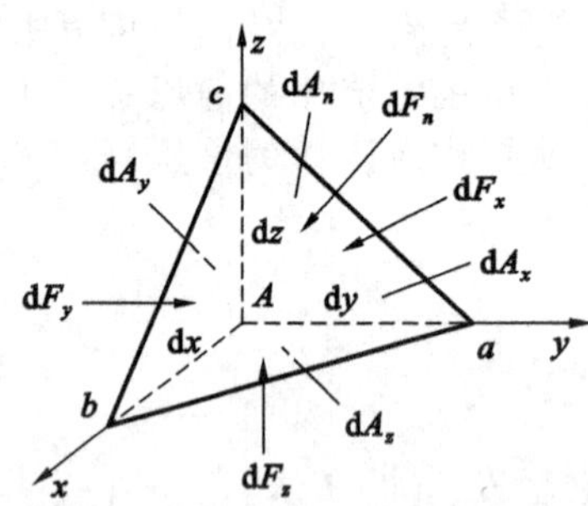

图 2-3 静压强的各项等值性

作用在四面体上的力分为表面力和质量力。

(1) 表面力

静止流体中不存在切应力，所以作用于四面体各个面上的力只有压应力。设作用于三个互相垂直平面上的压强分别为 p_x、p_y、p_z，作用于斜面上的压强为 p_n。由于是微元体，可以认为各微元面积上的静压强是均匀分布的。作用于四面体各面上的静压力分别等于各个面上的压强和相应面积的乘积，即

$$dF_x = p_x \cdot dA_x = p_x \cdot \frac{1}{2}dydz$$

$$dF_y = p_y \cdot dA_y = p_y \cdot \frac{1}{2}dxdz$$

$$dF_z = p_z \cdot dA_z = p_z \cdot \frac{1}{2}dxdy$$

$$dF_n = p_n \cdot dA_n$$

(2) 质量力

设单位质量的流体所受质量力为 f，其在三个坐标上的分量分别为 f_x、f_y、f_z。四面体所受质量力在坐标轴方向的分量分别为：

$$dF_x = f_x \cdot \rho \cdot \frac{1}{6}dxdydz$$

$$dF_y = f_y \cdot \rho \cdot \frac{1}{6}dxdydz$$

$$dF_z = f_z \cdot \rho \cdot \frac{1}{6}dxdydz$$

$$F = (F_x, F_y, F_z) = \left(\frac{1}{6}\rho dxdydz\right)f$$

因四面体处于平衡状态，故合力的各坐标分量应等于0。现以 x 方向为例进行证明。将各力在 x 轴上投影后得：

$$\sum F_x = p_x \cdot dA_x - p_n \cdot dA_n \cdot \cos(x,n) + f_x \cdot \rho \cdot \frac{1}{6}dxdydz = 0 \quad (2\text{-}1)$$

式中　$\cos(x,n)$——斜面法线方向 n 与 x 轴间的夹角的余弦；

$dA\cos(x,n)$——斜面在 xOz 平面上的投影，即

$$dA_n \cdot \cos(x,n) = dA_x = \frac{1}{2}dydz$$

代入式(2-1)，得：

$$p_x \cdot \frac{1}{2}dydz - p_n \cdot \frac{1}{2}dydz - f_x \cdot \rho \cdot \frac{1}{6}dxdydz = 0$$

$$p_x - p_n - f_x \cdot \rho \cdot \frac{1}{3}dx = 0$$

当 dx、dy、dz 趋于0时，上式等号左侧中第三项为可以忽略的高阶小量，则上式变为：

$$p_x = p_n$$

同理，对 y 轴和 z 轴可以得出

$$p_y = p_n, \quad p_z = p_n$$

所以

$$p_x = p_y = p_z = p_n \quad (2\text{-}2)$$

上述分析中，斜面的方向 n 是任意选取的，因此，上式说明同一点上流体静压强大小与作用面的方位无关，即各个方向的静压强大小相等。

以 p 表示静止流体中某点处的静压强，则 p 是该点位置坐标的函数，即可表示为

$$p = p(x,y,z) \quad (2\text{-}3)$$

以上结论适用于静止流体。

2.2 静止流体平衡微分方程

静止流体只受质量力和表面力，通过建立平衡方程，可得出静压强的分布规律及其数学表达式。

2.2.1 欧拉平衡微分方程

在静止流体内任取一点 $O'(x,y,z)$，该点压强 $p=p(x,y,z)$。以 O' 为中心，以 dx、dy、dz 为边长做微元直角六面体(图 2-4)。

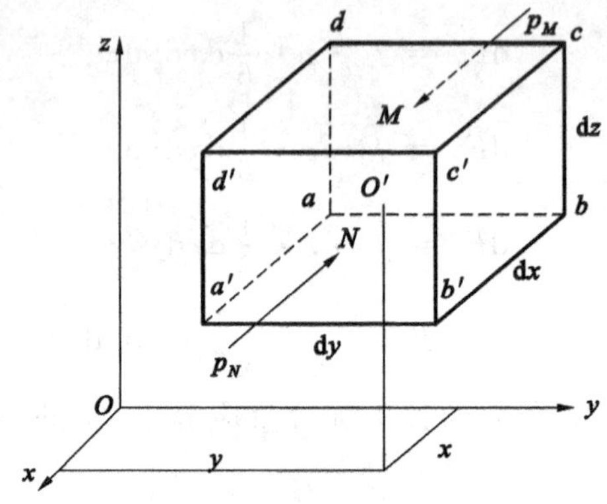

图 2-4 微元直角六面体

微元体所受的力有表面力和质量力，以 x 方向为例分析微元六面体的受力平衡。其中，表面力只有作用在面 $abcd$ 和面 $a'b'c'd'$ 上的压力。两个受压面中心点 M、N 的压强 p_M、p_N 可根据连续函数的特点求得，用泰勒(Taylor)级数展开，忽略高阶微量，得

$$p_M = p - \frac{1}{2}\frac{\partial p}{\partial x}\mathrm{d}x$$

$$p_N = p + \frac{1}{2}\frac{\partial p}{\partial x}\mathrm{d}x$$

由于受压面是微元，可认为受压面上各点所受的压强与该中心点的压强相等，由此可得面 $abcd$ 和面 $a'b'c'd$ 上的表面力分别为：

$$F_M = \left(p - \frac{1}{2}\frac{\partial p}{\partial x}\mathrm{d}x\right)\mathrm{d}y\mathrm{d}z$$

$$F_N = \left(p + \frac{1}{2}\frac{\partial p}{\partial x}\mathrm{d}x\right)\mathrm{d}y\mathrm{d}z$$

设单位质量力为 f，则 x 方向的质量力为

$$\mathrm{d}F_x = f_x \cdot \rho \cdot \mathrm{d}x\mathrm{d}y\mathrm{d}z$$

由 $\sum F_x = 0$，得

$$\left(p - \frac{1}{2}\frac{\partial p}{\partial x}\mathrm{d}x\right)\mathrm{d}y\mathrm{d}z - \left(p + \frac{1}{2}\frac{\partial p}{\partial x}\mathrm{d}x\right)\mathrm{d}y\mathrm{d}z + f_x \cdot \rho \cdot \mathrm{d}x\mathrm{d}y\mathrm{d}z = 0$$

将上式简化，得

$$f_x - \frac{1}{\rho}\frac{\partial p}{\partial x} = 0 \tag{2-4a}$$

同理,可得在 y、z 方向有:

$$f_y - \frac{1}{\rho}\frac{\partial p}{\partial y} = 0 \tag{2-4b}$$

$$f_z - \frac{1}{\rho}\frac{\partial p}{\partial z} = 0 \tag{2-4c}$$

式(2-4)称为静止流体的平衡微分方程,它是由瑞士学者欧拉于 1775 年提出的,表示作用在静止流体上的质量力和压强梯度的微分关系,因而又称为欧拉平衡微分方程。

式(2-4)可表示成矢量形式:

$$\boldsymbol{f} - \frac{1}{\rho}\nabla p = \boldsymbol{0} \tag{2-5}$$

其中,符号∇为微分运算子,称为哈密顿(Hamilton)算子。

$$\nabla = \boldsymbol{i}\frac{\partial}{\partial x} + \boldsymbol{j}\frac{\partial}{\partial y} + \boldsymbol{k}\frac{\partial}{\partial z}$$

将式(2-4)各分式分别乘以 $\mathrm{d}x$、$\mathrm{d}y$、$\mathrm{d}z$ 后相加,得欧拉平衡方程的用全微分表示的标量形式:

$$\frac{\partial p}{\partial x}\mathrm{d}x + \frac{\partial p}{\partial y}\mathrm{d}y + \frac{\partial p}{\partial z}\mathrm{d}z = \rho(f_x \cdot \mathrm{d}x + f_y \cdot \mathrm{d}y + f_z \cdot \mathrm{d}z) \tag{2-6}$$

也可改写为矢量形式:

$$\mathrm{d}\boldsymbol{p} = \rho(\boldsymbol{f} \cdot \mathrm{d}\boldsymbol{r}) \tag{2-7}$$

当作用于流体的单位质量力已知时,便可通过积分求得流体静压强的分布规律。

2.2.2 有势力场中静压强的分布

根据物理学的知识,在有势力场中,作用在质点上的质量力做功与路径无关,只与起点和终点的位置有关。

由于式(2-6)等号左边是一个坐标函数 p 的全微分,因此该式等号右边也应该是某个坐标函数 $W(x,y,z)$的全微分,即

$$f_x \cdot \mathrm{d}x + f_y \cdot \mathrm{d}y + f_z \cdot \mathrm{d}z = \mathrm{d}W \tag{2-8}$$

有

$$\mathrm{d}W = \frac{\partial W}{\partial x}\mathrm{d}x + \frac{\partial W}{\partial y}\mathrm{d}y + \frac{\partial W}{\partial z}\mathrm{d}z$$

函数 $W(x,y,z)$称为质量力势函数,满足

$$\begin{cases} f_x - \dfrac{\partial W}{\partial x} = 0 \\ f_y - \dfrac{\partial W}{\partial y} = 0 \\ f_z - \dfrac{\partial W}{\partial z} = 0 \end{cases} \tag{2-9}$$

质量力为有势力,重力、惯性力都是有势力。

根据有势力场的特性,若流体处于平衡状态,可得

$$\mathrm{d}p = \rho \cdot \mathrm{d}W \tag{2-10}$$

式(2-10)为可压缩流体的平衡微分方程。

对不可压缩流体，其密度 ρ 为常数，对式(2-10)积分得

$$p = \rho \cdot W + C \tag{2-11}$$

积分常数 C 可由边界条件确定。设已知边界点上的势函数为 W_0，压强为 p_0，则得 $C = p_0 - \rho \cdot W_0$。将 C 值代入式(2-11)，得

$$p = p_0 + \rho(W - W_0) \tag{2-12}$$

式(2-12)表明，常密度流体只有在有势质量力的作用下才能维持平衡，任一点上的压强等于外压强 p_0 与有势质量力所产生的压强之和。

由式(2-12)可知，$\rho(W - W_0)$ 是由流体的密度和质量力的势函数所决定的，与 p_0 无关。因此，p_0 产生变化，则平衡的流体中各点的压强 p 随之有相同大小的变化，即在平衡的常密度流体中，任一点的压强变化将等值地传递到该流体内其他各点上，这就是帕斯卡原理。

2.2.3 静止流体中的等压面

静止流体中由压强相等的空间点构成的面(平面或曲面)称为等压面，如液体与大气接触的自由面就是等压面。在等压面上，$\mathrm{d}p = \rho \cdot \mathrm{d}W = 0$，因为 $\rho \neq 0$，必然有 $\mathrm{d}W = 0$，即 W 为常数。所以，等压面即为等势面。

另外，因为 $\rho \neq 0$，由式(2-6)可得等压面方程为：

$$f_x \cdot \mathrm{d}x + f_y \cdot \mathrm{d}y + f_z \cdot \mathrm{d}z = 0 \tag{2-13}$$

写成矢量表达式为：

$$f_x \mathrm{d}x + f_y \mathrm{d}y + f_z \mathrm{d}z = \boldsymbol{f} \cdot \mathrm{d}\boldsymbol{s} = \boldsymbol{0} \tag{2-14}$$

式(2-14)表明，等压面与单位质量力正交，即单位质量力沿等压面任意方向所做的功为 0。

根据等压面这一性质，可由质量力的方向来判断等压面的形状。当流体只受重力作用时，等压面为水平面；同时受到重力和直线惯性力作用时，等压面为斜面；在重力和离心惯性力共同作用下，等压面为曲面。

等压面的概念对流体中某点压强的计算很有帮助。但这个结论只适用于相互连通的同一种流体，对于互不连通的流体，水平面就不一定是等压面。

例如，在图 2-5 所示盛有三种液体的连通器中，就必然存在：$P_1 = P_2$，$P_3 = P_4$，$P_C = P_D$，但如果写出等式 $P_1 = P_3$ 或 $P_2 = P_4$，则是错误的 。因为处于 A、B 两容器中的液体既非紧密连续，又不是同一性质的液体，不满足上述等压面的条件。

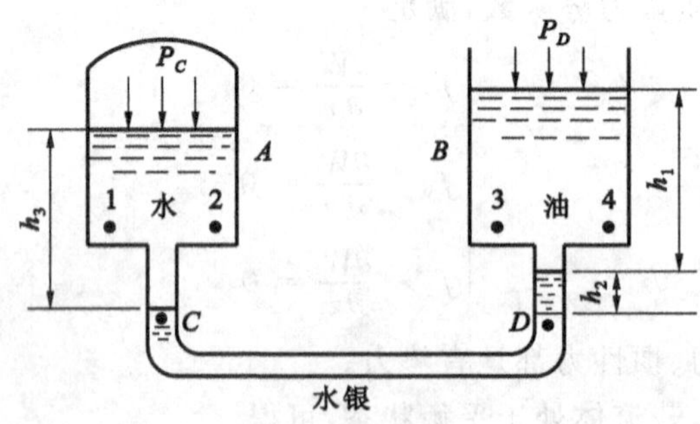

图 2-5 连通器

2.3 重力场中流体静压强的分布规律

2.3.1 静力学基本方程

液体的自由表面简称液面，将重力作用下的静止流体置于直角坐标系 $Oxyz$（图 2-6）中，液面的高度为 z_0，压强为 p_0，现求流体中任一点的压强 p。

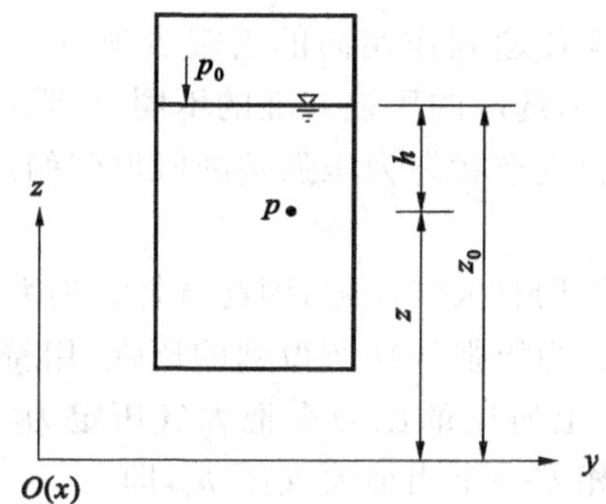

图 2-6 重力场中液体静压强

质量力只有重力，即单位质量力 $f_x=0$，$f_y=0$，$f_z=-g$，代入式(2-8)、式(2-10)中，可得

$$dp=-\rho g dz \tag{2-15}$$

对于均质流体，密度 ρ 是常数，则对式(2-15)进行积分，得

$$p=-\rho gz+C' \tag{2-16}$$

变换得

$$p=p_0+\rho g(z_0-z)=p_0+\rho gh \tag{2-17}$$

式中 p——淹没深度为 h 处流体质点的静压强；

p_0——流体表面压强；

ρ——流体的密度；

h——流体质点在液面下的淹没深度。

在重力作用下，流体中任一点的静压强 p 由流体表面压强 p_0 和 ρgh 两部分组成。当 p_0 和 ρ 一定时，流体质点的压强随流体深度 h 的增大而增大。式中，ρgh 的物理意义是单位面积上流体的重力。

在重力作用下的静止流体中，位于同一淹没深度的各点静压强相等，即为一等压面。因为自由表面是一水平面，所以等压面也为水平面；反之，在重力作用下的静止流体中任一水平面都是等压面。

对式(2-15)积分，得：

$$H_p=z+\frac{p}{\rho g}=C \tag{2-18}$$

当质量力只有重力时，静止流体内部任一点的 z 和 $\frac{p}{\rho g}$ 两项之和为常数。对于静止流体中任意两点来讲，由式(2-18)可得：

$$z_1 + \frac{p_1}{\rho g} = z_2 + \frac{p_2}{\rho g} \tag{2-19}$$

式中 z_1, z_2——任意两点在 z 轴的坐标值。

式(2-19)是在重力作用下流体静力学基本方程的另一种形式，它的适用条件是静止的、连续的、质量力只有重力的同一均质流体。

2.3.2 压强的计量

(1) 压强的表示方式

压强是流体内部分子热运动传递到作用面的宏观表现，计量压强的基准点是压强值为 0 的参考状态，称为压强基准。根据选取的压强基准的不同，压强可分为绝对压强和相对压强。

绝对压强是以绝对(或完全)真空状态为压强基准所得到的压强，用符号 p_{abs} 表示，在热力学上应用比较广泛。

处于自然界的物体表面都作用有大气压强，因此选择当地大气压作为压强基准比较方便。相对压强就是以当地大气压(p_a)为压强基准所得到的压强，用符号 p 表示。相对压强又称计示压强或表压强，这是因为工程上所用的压力表把大气压定为零，其所测得的压强是相对压强。绝对压强和相对压强之间相差一个当地大气压 p_a，即

$$p = p_{abs} - p_a \tag{2-20}$$

很显然，绝对压强恒大于或等于零，而相对压强值可正可负，也可为零。当绝对压强值小于大气压时，相对压强会出现负值，称为负压。以负压的大小作为度量流体真空的程度，称为真空度，以 p_v 来表示。由式(2-20)可得

$$p_v = p_a - p_{abs} \tag{2-21}$$

$$p_v = -p \tag{2-22}$$

上述压强的相互关系可通过图 2-7 来表示。

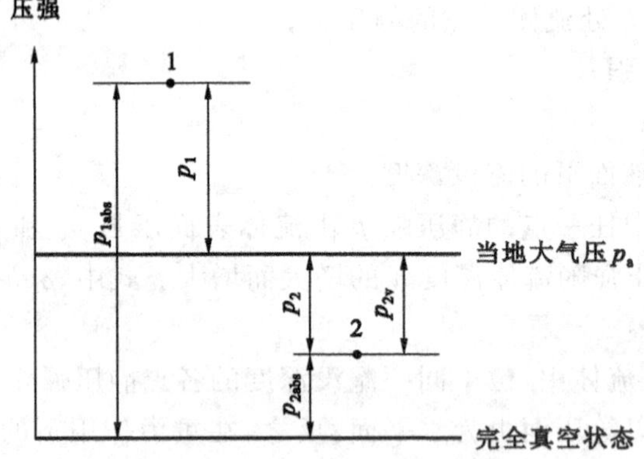

图 2-7 压强的相对关系示意图

(2) 压强的计量单位

大气压有标准大气压和工程大气压两种表示方法。由于大气压随当地高程和气温变化而有所差异，国际上规定了标准大气压(standard atmosphere pressure)，符号为 atm，1 atm＝1.01325×10^5 Pa。此外，工程界为便于计算，采用工程大气压，符号为 at，1 at＝98 kPa。在实

际工程中，也常用液柱高度来表示压强大小（$h=\frac{p}{\rho g}$），通常以水柱高度（mH_2O）或水银高度（mmHg）来表示。

【例 2-1】 如图 2-8 所示，有一密闭容器，右侧由细导管连通大气。若水面的相对压强 $p_0=-44.5$ kPa，水面下 M 点的淹没深度 $h'=2$ m。试求：① 水面下 M 点的绝对压强、相对压强及真空度；② 容器内水面到测压管水面的铅直距离 h。

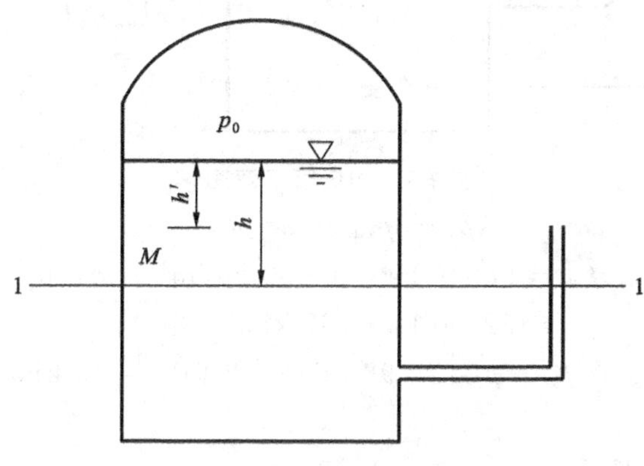

图 2-8　例 2-1 图

【解】 (1) 求 M 点的压强

① 相对压强。

$$
\begin{aligned}
p_M &= p_0 + \rho g h' \\
&= -44500\ \text{Pa} + 1000\ \text{kg/m}^3 \times 9.8\ \text{m/s}^2 \times 2\ \text{m} \\
&= -24900\ \text{Pa} = -24.9\ \text{kPa}
\end{aligned}
$$

② 绝对压强。

$$p_{Mabs} = p_M + p_a = -24.9\ \text{kPa} + 98\ \text{kPa} = 73.1\ \text{kPa}$$

③ 真空压强。

$$P_{Mv} = -p_M = -(-24.9\ \text{kPa}) = 24.9\ \text{kPa}$$

真空压强也可表示为 0.25 at$\left(\frac{24.9}{98}=0.25\ \text{at}\right)$。

(2) 求 h 值

图 2-8 中 1—1 水平面为相对压强为零的等压面，由公式可得：

$$p_0 + \rho g h = 0$$

$$h = -\frac{p_0}{\rho g} = -\frac{-44500\ \text{Pa}}{1000\ \text{kg/m}^3 \times 9.8\ \text{m/s}^2} = 4.54\ \text{m}$$

【例 2-2】 如图 2-9 所示，左侧玻璃管顶端封闭，水面气体的绝对压强 $p_{1abs}=0.75$ at，右侧玻璃管倒插在汞槽中，汞柱上升高度 $h_2=0.12$ m，水面下 A 点的淹没深度 $h_A=2$ m，1 at＝98 kPa。试求：① 容器内水面的绝对压强 p_{2abs} 和真空度 p_{2v}；② A 点的相对压强 p_A；③ 左侧玻璃管内水面超出容器内水面的高度 h_1。

【解】 ① 求 p_{2abs} 和 p_{2v}。

气体的容重很小，在小范围内可以忽略气柱产生的压强，故本例中右侧汞柱液面的压强就是容器内液面的压强 p_{2abs}。

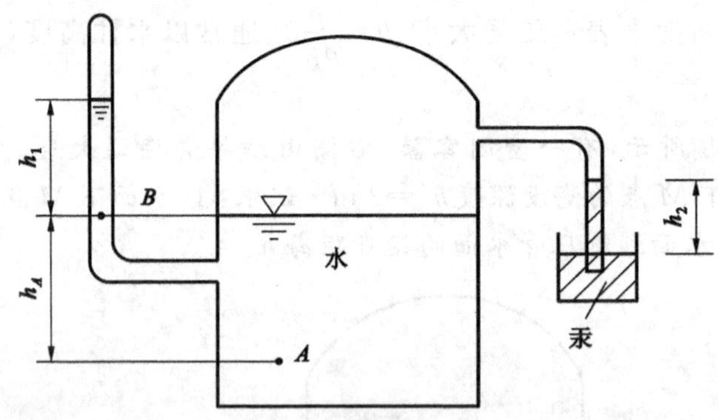

图 2-9 测压管示意图

$$p_{a} = p_{2abs} + \rho_{Hg} g h_2$$

$$p_{2abs} = p_{a} - \rho_{Hg} g h_2 = 98000\ \text{Pa} - 13600\ \text{kg/m}^3 \times 9.8\ \text{m/s}^2 \times 0.12\ \text{m}$$
$$= 82000\ \text{Pa} = 82\ \text{kPa}$$

$$p_{2v} = p_{a} - p_{2abs} = 98\ \text{kPa} - 82\ \text{kPa} = 16\ \text{kPa}$$

② 求 p_A。

容器内水面的相对压强为：

$$p_2 = - p_{2v} = - 16\ \text{kPa}$$

$$p_A = p_2 + \rho g h_A = - 16000\ \text{Pa} + 1000\ \text{kg/m}^3 \times 9.8\ \text{m/s}^2 \times 2\ \text{m} = 3600\ \text{Pa} = 3.6\ \text{kPa}$$

③ 求 h_1。

如图 2-9 所示，容器内水面与左侧管内 B 点在同一等压面上，则

$$p_{2abs} = p_{1abs} + \rho g h_1$$

则

$$h_1 = \frac{p_{2abs} - p_{1abs}}{\rho g} = \frac{82000\ \text{Pa} - 0.75 \times 98000\ \text{Pa}}{1000\ \text{kg/m}^3 \times 9.8\ \text{m/s}^2} = 0.87\ \text{m}$$

2.3.3 水头与能量守恒

流体静力学基本方程[式(2-18)]在流体力学研究中具有重要的物理意义和几何意义。

(1) 物理意义

从能量的角度可知，质量为 m 的流体相对于基准面，在位置高度 z 上具有的势能为 mgz。显然，z 就是单位重量流体相对于某一基准面的位能。

同理，$\frac{p}{\rho g}$ 的物理意义为单位重量流体所具有的压强势能，即压能。

$\left(z+\frac{p}{\rho g}\right)$ 代表了位能与压能之和，是单位重量流体所具有的总势能。

式(2-18)表明，在静止流体内部，各点单位重量流体具有的总势能相等。

分析图 2-10，由式(2-18)可知：

$$z_A + \frac{p_A}{\rho g} = z_B + \frac{p_B}{\rho g} = z_C + \frac{p_C}{\rho g} \tag{2-23}$$

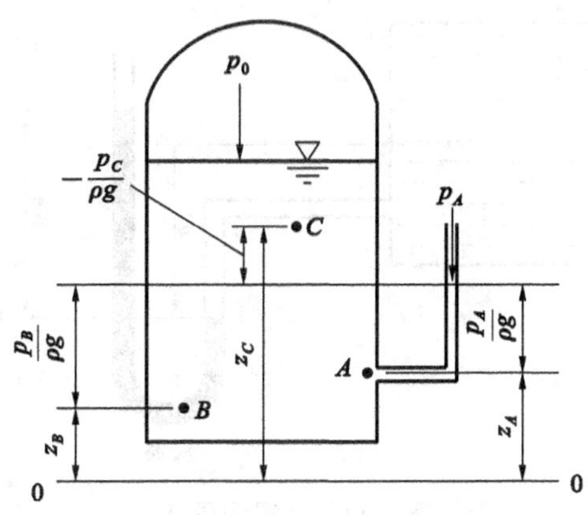

图 2-10　静力学基本方程参数示意图

(2) 几何意义

式(2-18)中各项都是具有长度的量纲,可以用几何高度来表示。

如图 2-10 所示,在容器的侧壁和底部任意一点上安装一测压管。取任意水平面 0—0 为基准面,对于流体中任一点(如 A 点),测压管自由液面到基准面的高度由两部分组成:

① z——某点在基准面以上的高度,称为位置水头。

② $\frac{p}{\rho g}$——测压管自由液面到该点的高度,也是该点压强所形成的液柱高度,即测压管高度,称为压强水头。

$z+\frac{p}{\rho g}$表示测压管液面至基准面的高度,称为测压管水头。

式(2-18)表明,处于静止流体中任意点的测压管水头均为常数。

2.3.4 压强的测量

测量流体压强的仪器种类很多,根据其测压原理,主要可以分为液柱式测压计、弹性式测压计和电测式测压计三类。液柱式测压计是以静力学基本方程原理为基础,将被测压强转换成液柱的高差进行测量。其特点是测量简单、直观、精度较高,但测量范围较小,故常用在实验室或实际生产中测量低压、负压和压差。本书主要介绍液柱式测压计,常用的有 U 形水银测压计和压差计。

(1) U 形水银测压计

测量较大的压强可用水银测压计。如果用水,需要的玻璃管过长,使用起来不方便。水银的密度较大,沉于被测量流体的下部,故测压计需做成 U 形。在压差的作用下,水银面出现高差。

如图 2-11 中,B 点的压强为:

$$p_B = \rho_{水银} g\Delta h - \rho_{水} g a$$

(2) 压差计

在实际工程中,许多情况下往往关心的是两测压点间的压强差或测压管水头差,这时就可以采用压差计来进行测量。压差计又称比压计,是用于测量液体或气体两点间压强差或测压管水头差的仪器。水银压差计是常用的一种液柱式压差计。

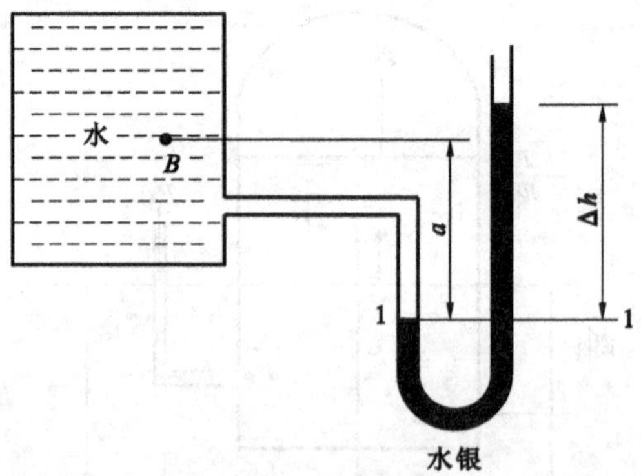

图 2-11 水银测压计

如图 2-12 所示的压差计，将其两端分别与两测点 A、B 相连，就可进行这两点压强差或测压管水头差的测量。

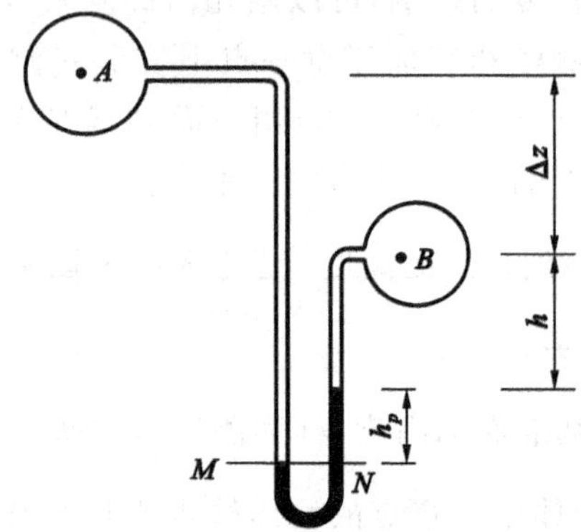

图 2-12 压差计示意图

图 2-12 中，MN 为等压面，由 $p_M = p_N$ 得

$$p_A + \rho_{水} g(\Delta z + h + h_p) = p_B + \rho_{水} gh + \rho_{水银} gh_p$$

即 A、B 两测点的压强差为：

$$p_A - p_B = (\rho_{水银} - \rho_{水})gh_p - \rho_{水} g\Delta z \tag{2-24}$$

其中

$$\Delta z = z_A - z_B$$

将式(2-24)各项同除以 $\rho_{水} g$ 并整理，可得 A、B 两点测压管水头差为：

$$\left(z_A + \frac{p_A}{\rho_{水} g}\right) - \left(z_B + \frac{p_B}{\rho_{水} g}\right) = \left(\frac{\rho_{水银}}{\rho_{水}} - 1\right)h_p = 12.6h_p \tag{2-25}$$

由此可见，当两测点流体密度已知时，测得水银压差计中的 h_p 和 A、B 两测点的位置水头 z_A 和 z_B 后，即可求得压强差值；在两测点流体相同的情况下，其测压管水头差可直接根据测得的 h_p 值求得，而不需要考虑 A、B 两测点的位置水头 z_A 和 z_B。

【例 2-3】 测压装置如图 2-13 所示。已测得 B 球中空气的压强 p_B 为 −27.0 kPa，测压计内水银面之间的空间充满酒精，已知 $h_1 = 20$ cm，$h_2 = 25$ cm，$h = 70$ cm。水银和酒精的密度分别为：$\rho_{水银} = 13600\ \mathrm{kg/m^3}$，$\rho_{酒精} = 800\ \mathrm{kg/m^3}$。试计算 A 球压力表的读数。

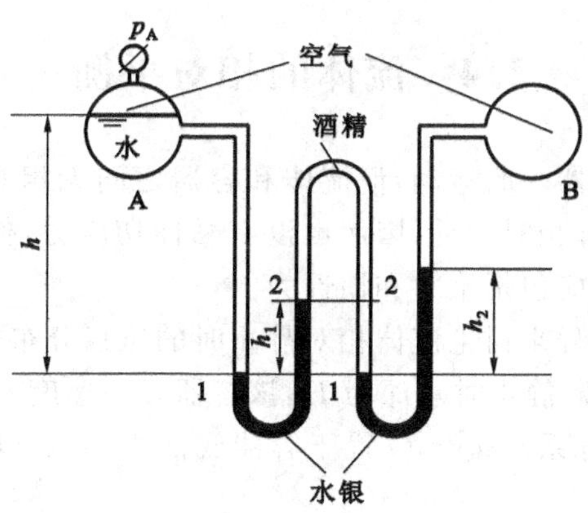

图 2-13 测压装置示意图

【解】 由于空气的密度远小于液体的密度，故可认为充满空气的整个空间具有相同的空气压强，即 A 球压力表读数可认为是 A 球液面的相对压强，B 球空气压强可认为与曲管测压计中空气压强相等。

首先找出有关的等压面 1—1、2—2，应用静力学基本方程式，从 B 球逐步依次推算到 A 球，得

$$
\begin{aligned}
p_A &= p_B + \rho_{水银} gh_2 - \rho_{酒精} gh_1 + \rho_{水银} gh_1 - \rho_{水} gh \\
&= -27000\ \text{Pa} + 13600\ \text{kg/m}^3 \times 9.8\ \text{m/s}^2 \times 0.25\ \text{m} - 800\ \text{kg/m}^3 \times \\
&\quad 9.8\ \text{m/s}^2 \times 0.2\ \text{m} + 13600\ \text{kg/m}^3 \times 9.8\ \text{m/s}^2 \times 0.2\ \text{m} - 1000\ \text{kg/m}^3 \times \\
&\quad 9.8\ \text{m/s}^2 \times 0.7\ \text{m} \\
&= 24548\ \text{Pa} = 24.548\ \text{kPa}
\end{aligned}
$$

2.4 流体的相对平衡

相对平衡是指流体随容器一起运动，但流体和容器之间无相对运动。当流体处在相对平衡状态时，流体质点之间没有相对运动，因而也没有黏性切应力，作用在流体质点上的质量力和表面力保持平衡。质量力应包括重力和惯性力。

下面用流体平衡微分方程来讨论流体相对静止时的压强分布规律。

如图 2-14 所示，盛水容器静止时水深为 H，该容器以加速度 a 做直线运动，液面形成倾斜平面。选坐标系（非惯性坐标系）$Oxyz$，O 置于容器底面中心点，Oz 轴向上，e 点（表示研究的流体）为 Oz 与液面的交点。

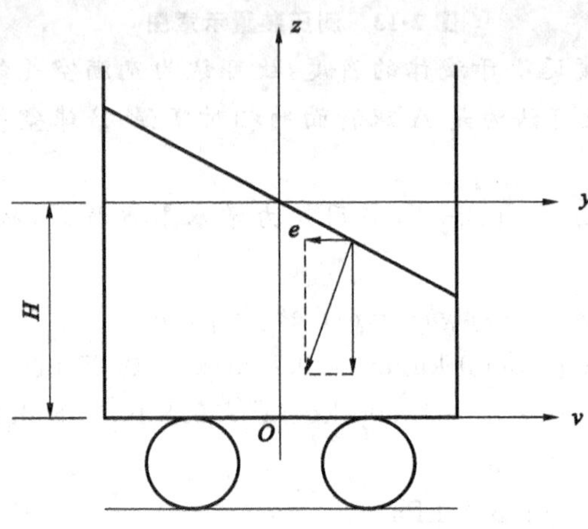

图 2-14　等加速直线运动

1. 压强

质量力除重力外，还有惯性力，惯性力的方向与加速度的方向相反，即 $f_x=0$，$f_y=-a$，$f_z=-g$。由流体平衡微分方程（2-6）的全微分公式

$$dp = \rho(f_x \cdot dx + f_y \cdot dy + f_z \cdot dz)$$

可得

$$dp = \rho(-a dy - g dz)$$

$$p = \rho g\left(-\frac{a}{g}y - z\right) + C \tag{2-26}$$

液面倾斜后流体体积不变，故 e 点位置不变，$y=0$，$z=H$，$p=p_0$。由此可求出积分常数 $C=p_0+\rho gH$，代入式（2-26）得

$$p = p_0 + \rho g\left(H - \frac{a}{g}y - z\right) \tag{2-27}$$

令 $p=p_0$，得自由液面方程为：

$$z_0 = H - \frac{a}{g}y \tag{2-28}$$

因此，得

$$p = p_0 + \rho g(z_0 - z) = p_0 + \rho g h \tag{2-29}$$

式中，$h=z_0-z$，即 e 点在自由液面下的淹没深度。

式(2-29)表明，铅垂方向压强分布规律与静止流体相同。

2. 等压面

在式(2-27)中，令 p＝常数，则等压面方程为：

$$z=-\frac{a}{g}y+C \tag{2-30}$$

式(2-30)表明，等压面是一倾斜平面，其斜率 $k_1=-\frac{a}{g}$。而质量力作用线的斜率 $k_2=\frac{g}{a}$，两者的乘积为－1，说明等压面与质量力正交。

3. 测压管水头

由式(2-26)得

$$z+\frac{p}{\rho g}=C-\frac{a}{g}y$$

可见，在同一个横断面(坐标 y 一定时)上，各点的测压管水头相等，即

$$z+\frac{p}{\rho g}=C'$$

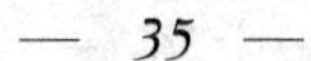

2.5 静止流体作用在平面上的总压力

工程实际中需要确定流体对结构物的作用力，如设计水坝、闸门等水工建筑物时，需要计算建筑物表面受到的水压力。受压面可以是平面，也可以是曲面。下面讨论平面上静止液体对固壁作用力的大小、方向及其求解方法。

2.5.1 静压强分布图

表示静压强在受压面上分布情况的几何图形称为静压强分布图。在静压强分布图中，以长度表示压强的大小，以线端箭头表示压强的作用方向。静压强一般为相对压强。静压强分布图的绘制规则如下：

① 按照一定的比例，用一定长度的线段表示静压强的大小。

② 用箭头代表静压强的方向，并与该处作用面相互垂直。

图 2-15 所示为一矩形平面闸门，一侧挡水，水面为大气压强，其铅垂剖面为 AB，因为 p 与 h 呈线性关系，所以只需确定 A、B 两点的压强值，连以直线，即可得到该剖面上的压强分布图。闸门挡水面与水面的交点 A 处，水深为零，压强 $p_A=0$；闸门挡水面最低点 B 处，水深为 h，压强 $p_B=\rho gh$。因压强与受压面垂直，过 B 点作垂直于 AB 的线段 BC，取 $BC=\rho gh$；连接 AC，则△ACB 即为矩形平面闸门上任一铅垂剖面上的静压强分布图。

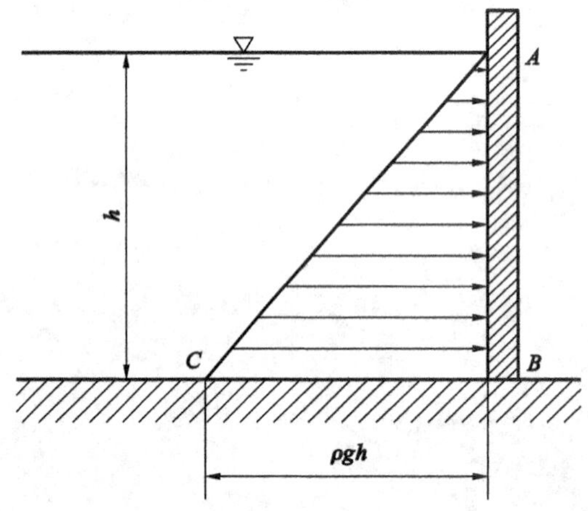

图 2-15 矩形平面闸门(一侧挡水)的压强分布图

图 2-16 所示的挡水面 ABC 为折线。在 B 点有两个不同方向的压强分别垂直于 AB 及 BC。根据压强的特性，这两个压强大小相等，都等于 ρgh_1，其压强分布图如图 2-16 所示。

图 2-17 所示为一矩形平面闸门，两侧有水，其水深分别为 h_1 和 h_2。在此情况下，闸门上任一铅垂剖面两侧的静压强分布图分别为△ABC 和△DBE。因闸门两侧静压强的方向相反，将两侧压强分布图相减，可得矩形平面闸门上的压强分布图为梯形 $AFGB$，压强的方向如图 2-17所示。

弧形闸门的压强分布为一曲线，各点压强的方向都不同，如图 2-18 所示。

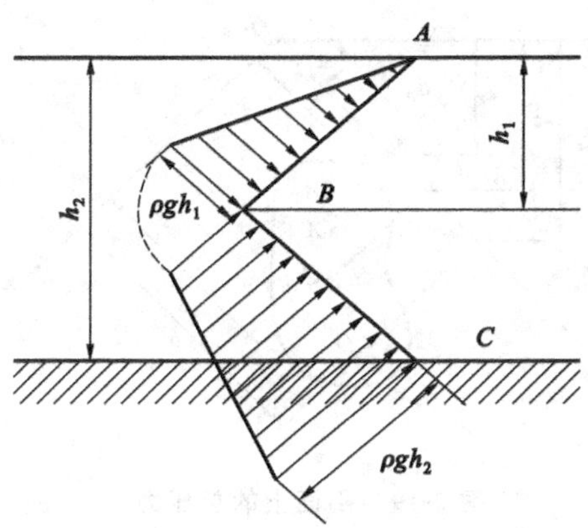

图 2-16 折线形平板的压强分布图

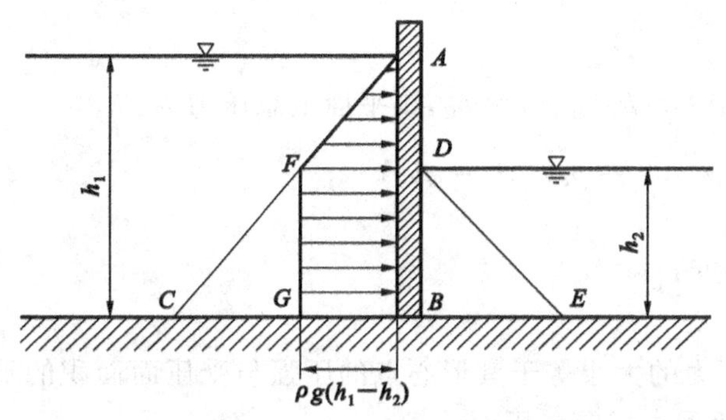

图 2-17 矩形平面闸门(两侧有水)的压强分布图

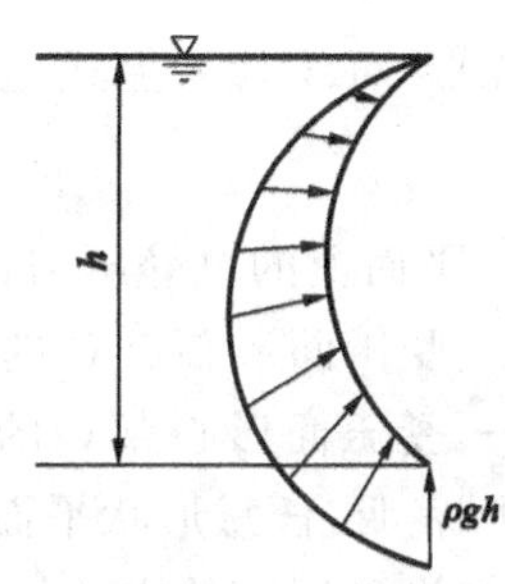

图 2-18 弧形闸门的压强分布图

在受压面为平面的情况下,因为静压强与淹没深度之间为直线函数关系,压强分布图的外包线为直线;当受压面为曲面时,曲面的长度与水深不呈直线函数关系,且压强分布图的外包线也为曲线。

平面上液体压力的方向与平面上静压强的方向是一致的,即垂直指向作用面。因此,平面上液体压力的计算问题主要是确定其大小和作用点。

实际工程一般处于大气中,为使计算简便,只考虑相对压强引起的压力。对于静止液体,平面上液体压力的大小和作用点求解可采用解析法和图解法。

2.5.2 解析法

1.总压力的大小和方向

设任意形状平面的面积为 A,与水平面间的夹角为 α。选坐标系,以平面的延伸面与液面的交线为 Ox 轴,Oy 轴垂直于 Ox 轴向下。将平面所在的坐标平面绕 Oy 轴旋转 90°,如图 2-19所示。

在受压面上任一点(x,y)取微元面积 $\mathrm{d}A$,流体作用在 $\mathrm{d}A$ 上的压力为:

$$\mathrm{d}F = \rho gh\,\mathrm{d}A = \rho g y \sin\alpha\,\mathrm{d}A$$

作用在平面上的总压力是平行力系的合力,即:

$$F = \int \mathrm{d}F = \rho g \sin\alpha \int_A y\,\mathrm{d}A$$

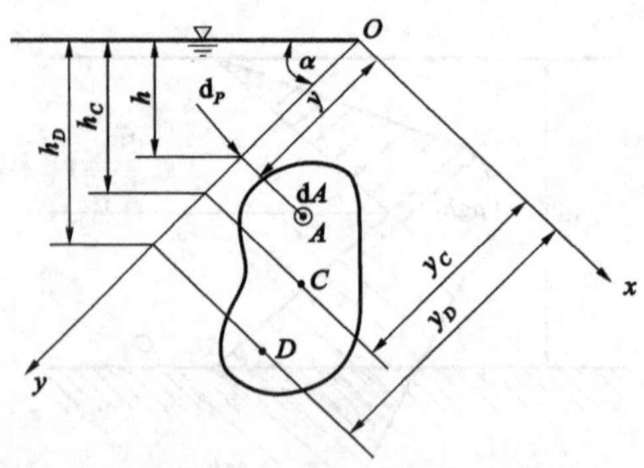

图 2-19 平面上的总压力

式中 $\int_A y\mathrm{d}A$——受压面 A 对 Ox 轴的静矩，等于受压面面积 A 与其形心 C 到 x 轴距离的乘积。

将 $\int_A y\mathrm{d}A = y_C A$ 代入上式，且有 $y_C \sin\alpha = h_C$，$\rho g h_C = p_C$，则平面上总压力为：

$$F = \rho g y_C A \sin\alpha = \rho g h_C A = p_C A \tag{2-31}$$

式中 F——平面上的总静压力；

h_C——受压面形心点 C 的淹没深度；

p_C——受压面形心点 C 的压强。

式(2-31)表明，任意形状平面上静压力的大小等于其形心点的压强与受压面面积的乘积。总压力的方向沿受压面的内法线方向，即垂直指向受压面。

2. 总压力的作用点

如图 2-19 所示，设总压力作用点(压力中心)D 到 Ox 轴的距离为 y_D，根据合力矩定律，则

$$F y_D = \int_A y\mathrm{d}F = \rho g \sin\alpha \int_A y^2 \mathrm{d}A$$

积分 $\int_A y^2 dA$ 是受压面 A 对 Ox 轴的惯性矩，记 $I_x = \int_A y^2 \mathrm{d}A$，代入上式得

$$F y_D = \rho g \sin\alpha I_x$$

将式(2-31)代入上式化简，得

$$y_D = \frac{I_x}{y_C A} \tag{2-32}$$

由平行移轴定理，得 $I_x = I_C + y_C^2 A$。代入式(2-32)，得

$$y_D = y_C + \frac{I_C}{y_C A} \tag{2-33}$$

式中 y_D——总压力作用点到 Ox 轴的距离；

y_C——受压面形心到 Ox 轴的距离；

I_C——受压面对平行于 Ox 轴的形心轴的惯性矩；

A——受压面的面积。

其中，$\frac{I_x}{y_C A}>0$，故 $y_D>y_C$，即总压力作用点 D 一般在受压面形心 C 之下。只有在受压面为水平面的情况下，平面上的压强分布是均匀的，压力中心 D 与形心 C 重合，才有 $y_D=y_C$，$h_D=h_C$。

同样，对 Oy 轴应用合力矩定理也可以求出 x_D。工程实际中遇到的平面图形大多具有与 Oy 轴平行的对称轴，此时压力中心 D 必位于对称轴上，x_D 可以不计算。

2.5.3 图解法

当底边与液面平行时，采用图解法求解规则平面(矩形)上的总静压力及其作用点比较方便。其步骤是先绘制出压强分布图，然后根据压强分布图计算总静压力。

1. 总压力 F 的大小

如图 2-20 所示，设底边平行于液面的矩形平面 AB 与水平面间的夹角为 α，平面宽度为 b，长度为 L，上、下底边的淹没深度分别为 h_2 和 h_1。

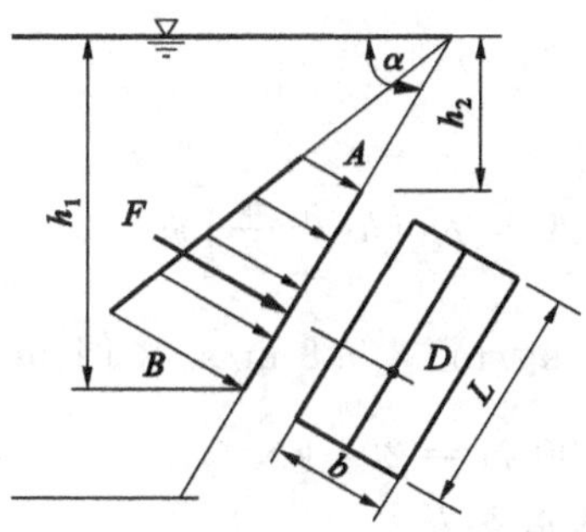

图 2-20 矩形平板闸门总压力

根据式(2-31)有

$$F=p_C A=\rho g h_C A=\rho g\frac{h_1+h_2}{2}bL=\frac{1}{2}L(\rho g h_1+\rho g h_2)b$$

式中，$\frac{1}{2}L(\rho g h_1+\rho g h_2)$为静压强分布图的面积 M，则上式可写为：

$$F=Mb \tag{2-34}$$

所以，平面上总静压力的大小等于压强分布图的面积 M 乘以受压面的宽度 b。

2. 总压力 F 的作用点

总压力 F 的作用线必通过压强分布图的形心并与矩形平板的纵向对称轴相交，这一交点即为 F 的作用点 D。总压力方向为垂直指向平板作用面。

梯形形心坐标位置 $y_C=\frac{h}{3}\cdot\frac{a+2b}{a+b}$，则对图 2-20，合力作用点位置为：

$$y_D=\frac{L}{3}\cdot\frac{\rho g h_2+2\rho g h_1}{\rho g h_2+\rho g h_1}+\frac{h_2}{\sin\alpha}=\frac{L}{3}\cdot\frac{h_2+2h_1}{h_2+h_1}+\frac{h_2}{\sin\alpha}$$

D 点的淹没深度为：

$$h_D=y_D\sin\alpha=\left(\frac{L}{3}\cdot\frac{h_2+2h_1}{h_2+h_1}+\frac{h_2}{\sin\alpha}\right)\sin\alpha=\frac{L}{3}\cdot\frac{h_2+2h_1}{h_2+h_1}\sin\alpha+h_2$$

【例 2-4】 如图 2-21 所示，有一铅直矩形平板 AB，板宽 $b=4$ m，板高 $h=3$ m，板顶水深 $h_1=1$ m，求静水总压力的大小及其作用点。

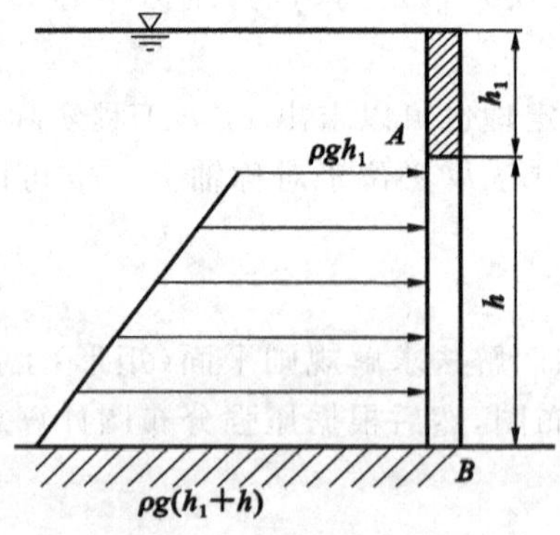

图 2-21 平板静压强

【解】 根据静止流体压强的特性，绘出平板的压强分布图。总压力的作用点为 D，其淹没深度为 h_D。

(1) 解析法求解

由式(2-31)得总压力大小为：

$$F=\rho g h_C A=\rho g\left(h_1+\frac{h}{2}\right)bh$$

$$=1000\ \text{kg/m}^3\times 9.8\ \text{m/s}^2\times\left(1\ \text{m}+\frac{3}{2}\ \text{m}\right)\times 4\ \text{m}\times 3\ \text{m}$$

$$=294000\ \text{N}=294\ \text{kN}$$

由式(2-33)可知，总压力的作用点为：

$$h_D=h_C+\frac{I_C}{Ah_C}=\left(1\ \text{m}+\frac{3}{2}\text{m}\right)+\frac{\frac{1}{12}\times 4\ \text{m}\times(3\ \text{m})^3}{4\ \text{m}\times 3\ \text{m}\times\left(1\ \text{m}+\frac{3}{2}\ \text{m}\right)}=2.8\ \text{m}$$

(2) 图解法求解

由式(2-34)得总压力大小为：

$$F=\frac{1}{2}[\rho g h_1+\rho g(h_1+h)]hb=\frac{1}{2}\rho g(2h_1+h)hb$$

$$=\frac{1}{2}\times 1000\ \text{kg/m}^3\times 9.8\ \text{m/s}^2\times(2\times 1\ \text{m}+3\ \text{m})\times 3\ \text{m}\times 4\ \text{m}$$

$$=294000\ \text{N}=294\ \text{kN}$$

压强分布图的重心为：

$$y_C=\frac{h}{3}\cdot\frac{a+2b}{a+b}$$

其中，$h=3$ m，$a=\rho g h_1$，$b=\rho g(h_1+h)$，所以

$$y_C=\frac{h}{3}\cdot\frac{\rho g h_1+2\rho g(h_1+h)}{\rho g h_1+\rho g(h_1+h)}=\frac{h}{3}\cdot\frac{h_1+2(h_1+h)}{h_1+(h_1+h)}$$

$$=\frac{3\ \text{m}}{3}\times\left(\frac{1\ \text{m}+2\times 4\ \text{m}}{1\ \text{m}+4\ \text{m}}\right)=1.8\ \text{m}$$

总压力作用点位置为：

$$h_D = h_1 + y_C = 1\ \text{m} + 1.8\ \text{m} = 2.8\ \text{m}$$

【例 2-5】 如图 2-22 所示，某一引水闸采用矩形平面钢闸门挡水。闸门宽度 $B=4$ m，上游水深 $H=2$ m。水压力经闸门面板传到两根横梁上，要求每根横梁所受荷载相等，试确定两根横梁的位置。

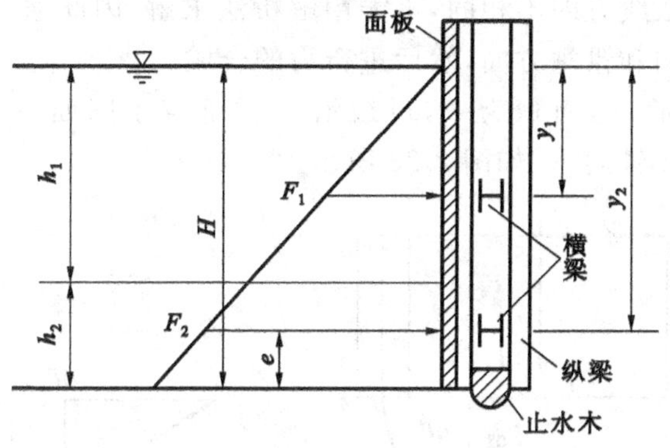

图 2-22 闸门

【解】 取单位宽度闸门(即 $b=1$ m)来分析。闸门单位宽度上所受的静水总压力为：

$$F = \frac{1}{2}\rho g H^2 b = \frac{1}{2} \times 1000\ \text{kg/m}^3 \times 9.8\ \text{m/s}^2 \times (2\ \text{m})^2 \times 1\ \text{m} = 19600\ \text{N} = 19.6\ \text{kN}$$

若每根横梁所受荷载相等，则每根梁单位宽度上受的水压力为：

$$F_1 = F_2 = \frac{1}{2}F = \frac{1}{2} \times 19.6\ \text{kN} = 9.8\ \text{kN}$$

把 F 的压强分布图分为上、下两部分，求 F_1 和 F_2 所代表的各部分压强分布图的高度 h_1 和 h_2。因 $F_1 = \frac{1}{2}\rho g {h_1}^2 b$，所以

$$h_1 = \sqrt{\frac{2F_1}{\rho g b}} = \sqrt{\frac{2 \times 9800\ \text{N}}{1000\ \text{kg/m}^3 \times 9.8\ \text{m/s}^2 \times 1\ \text{m}}} = 1.41\ \text{m}$$

$$h_2 = H - h_1 = 2.0\ \text{m} - 1.41\ \text{m} = 0.59\ \text{m}$$

F_1 和 F_2 的作用线分别通过上、下两部分压强分布图的形心，且垂直指向闸门。设 y_1 和 y_2 分别为 F_1 和 F_2 作用线到水面的距离，或者说分别为两根横梁到水面的距离，则

$$y_1 = \frac{2}{3}h_1 = \frac{2}{3} \times 1.41\ \text{m} = 0.94\ \text{m}$$

下部分压强分布图为梯形，梯形的形心到底边的距离 $y_C = e = \frac{h}{3} \cdot \frac{a+2b}{a+b}$，对比可知：

$$b = \rho g h_1 = 1000\ \text{kg/m}^3 \times 9.8\ \text{m/s}^2 \times 1.41\ \text{m} = 13820\ \text{Pa} = 13.82\ \text{kPa}$$

$$a = \rho g H = 1000\ \text{kg/m}^3 \times 9.8\ \text{m/s}^2 \times 2\ \text{m} = 19600\ \text{Pa} = 19.60\ \text{kPa}$$

$$h = h_2 = 0.59\ \text{m}$$

则

$$y_C = e = \frac{h}{3} \cdot \frac{a+2b}{a+b} = \frac{0.59\ \text{m}}{3} \times \frac{19.60\ \text{kPa} + 2 \times 13.82\ \text{kPa}}{19.60\ \text{kPa} + 13.82\ \text{kPa}} = 0.28\ \text{m}$$

$$y_2 = H - e = 2.0\ \text{m} - 0.28\ \text{m} = 1.72\ \text{m}$$

2.6 静止流体作用在曲面上的总压力

在实际工程中，弧形闸门、涵管、引水渠的喇叭进口等都是典型的曲面，这些曲面大多是具有平行母线的柱面，而作用于任意曲面上各点处的静止液体压强总是沿着作用面的内法线方向。由于曲面上各点的法线方向不相同，不能用解析法求解，因此通常采用矢量分解原理，先将总压力分解为水平方向和铅垂方向，然后进行力的合成。

设二维曲面 AB(柱面)的面积为 A，母线沿 y 轴垂直于图面，一侧承压。选坐标系，令 Oxy 平面与液面重合，Oz 轴向下，如图 2-23 所示。

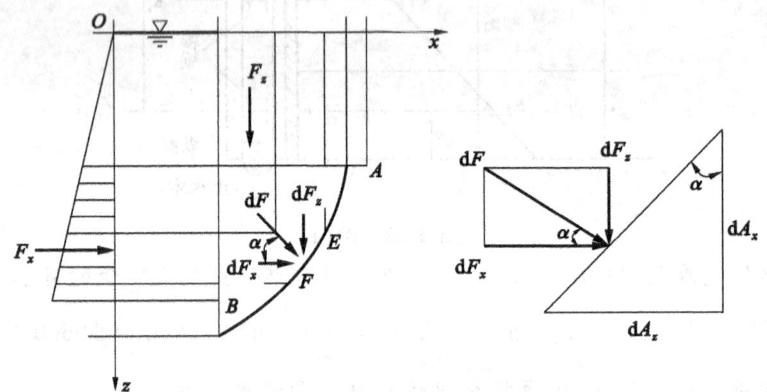

图 2-23 曲面上的总压力

在曲面上沿母线方向任取条形微元 EF，并将微元上的压力 $\mathrm{d}F$ 分解为水平分力 $\mathrm{d}F_x$ 和铅垂分力 $\mathrm{d}F_z$ 两部分，则有

$$\mathrm{d}F_x = \mathrm{d}F\cos\alpha = \rho g h\,\mathrm{d}A\cos\alpha = \rho g h\,\mathrm{d}A_x$$

$$\mathrm{d}F_z = \mathrm{d}F\sin\alpha = \rho g h\,\mathrm{d}A\sin\alpha = \rho g h\,\mathrm{d}A_z$$

式中 α——$\mathrm{d}F$ 与水平面间的夹角；

$\mathrm{d}A_x$——条形微元 EF 在铅垂投影面上的投影；

$\mathrm{d}A_z$——条形微元 EF 在水平投影面上的投影。

(1) 水平分力

$$F_x = \int \mathrm{d}F_x = \rho g \int_{A_x} h\,\mathrm{d}A_x$$

积分 $\int_{A_x} h\,\mathrm{d}A_x$ 表示曲面的铅垂投影面 A_x 对 Ox 轴的静矩，$\int_{A_x} h\,\mathrm{d}A_x = h_C A_x$，代入上式，得

$$F_x = \rho g h_C A_x = p_C A_x \tag{2-35}$$

式中 F_x——曲面上总压力的水平分力；

A_x——曲面的铅垂投影面积；

h_C——投影面 A_x 形心点淹没深度；

p_C——投影面 A_x 形心点的压强。

式(2-35)表明，液体作用在曲面上总压力的水平分力等于作用在该曲面的铅垂投影面上的静压力，可以按平面上总静压力的方法来求解 F_x。

(2) 铅垂分力

$$F_z = \int \mathrm{d}F_z = \rho g \int_{A_z} h \,\mathrm{d}A_z$$

积分 $\int_{A_z} h \,\mathrm{d}A_z$ 表示曲面到自由液面(或自由液面的延伸面)之间的柱体的体积,用 V_p 表示,则

$$F_z = \rho g V_p \tag{2-36}$$

式(2-36)表明,液体作用于曲面上总压力的铅垂分力等于液体的重力。

(3) 合力

液体作用在二维曲面上的总压力是平面汇交力系的合力,即

$$F = \sqrt{F_x^2 + F_z^2} \tag{2-37}$$

总压力作用线与水平面间的夹角为:

$$\tan\alpha = \frac{F_z}{F_x} \quad \text{或} \quad \alpha = \arctan\frac{F_z}{F_x} \tag{2-38}$$

(4) 压力体

式(2-36)中,积分 $V_p = \int_{A_z} h \,\mathrm{d}A_z$ 表示的几何体体积称为压力体,其顶面是投影面 A_z,底面是受压曲面,h 为曲面到液面的高度。F_z 的大小等于充满于压力体的液体重力。

压力体一般是由三个面所组成的几何柱状体,它的两个端面为受压曲面本身和它在自由液面或自由液面的延伸面上的投影面,侧面为沿着受压面的边缘向自由液面或自由液面的延伸面所做的铅直面。

为了方便确定 F_z 的方向,压力体一般分为实压力体和虚压力体两种。

① 实压力体。

当液体和压力体在曲面同一侧时称为实压力体(可以理解为压力体内充满了液体),F_z 方向向下,如图 2-24 所示。

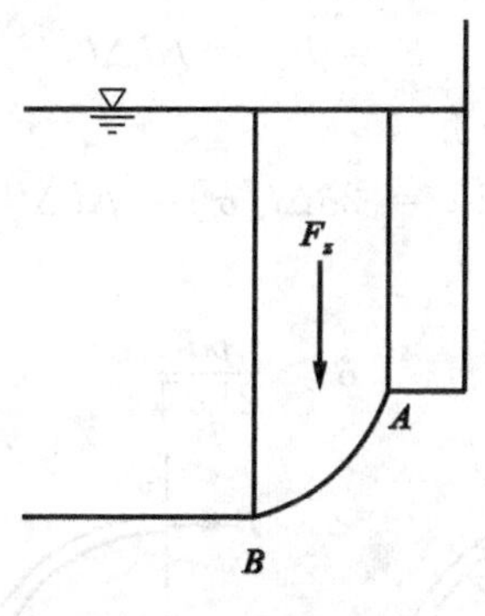

图 2-24　实压力体

② 虚压力体。

当液体和压力体在曲面的异侧时称为虚压力体(可以理解为压力体内无液体),F_z 方向向上,如图 2-25 所示。

当曲面有复杂的弯曲变化时可采取分段处理,在曲面与铅垂面相切处将其分为几个部分,各段曲面的压力体按代数和方式叠加。

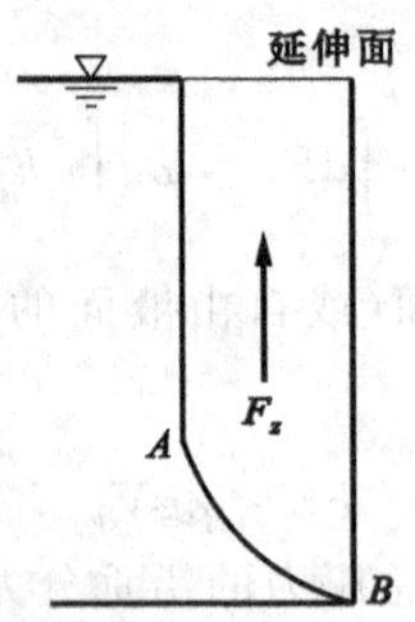

图 2-25 虚压力体

如图 2-26(a)所示，将受压曲面 AB 分为 AC、CD 和 DB 三个部分，各部分的压力体及相应的铅垂分力方向如图 2-26(b)～(d)所示，叠加后的压力体和铅垂分力的方向如图 2-26(e)所示。

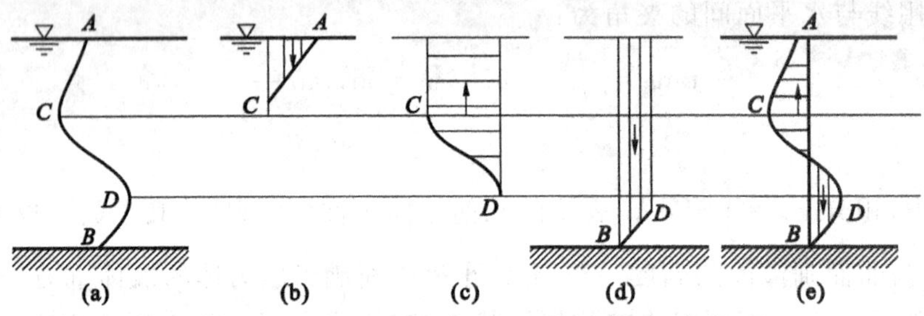

图 2-26 有复杂弯曲变化的曲面

【例 2-6】 如图 2-27 所示，一薄壁钢管直径为 d，承受最大液体压强为 p，由于 $\frac{p}{\rho g}$ 比 d 大得多，可以认为钢管内壁的压强是均匀分布的。若钢管的允许拉应力为$[\sigma]$，试求管壁的厚度 δ。

【解】 设管道长度为 Δl，因为可以认为钢管内壁的压强是均匀分布的，故可沿管道任一直径方向将管段分为两半，取其一半进行受力分析。显然，对于图 2-27(b)所示的这半个管段而言，在 y 方向的液体压力相互抵消，只存在 x 方向的液体压力，即

$$F = F_x = pd\Delta l$$

为了维持这半个管段的平衡，必有

$$2T = 2\delta\Delta l[\sigma] = pd\Delta l$$

故使管段不破裂的管壁厚度 δ 应为：

$$\delta \geqslant \frac{pd}{2[\sigma]}$$

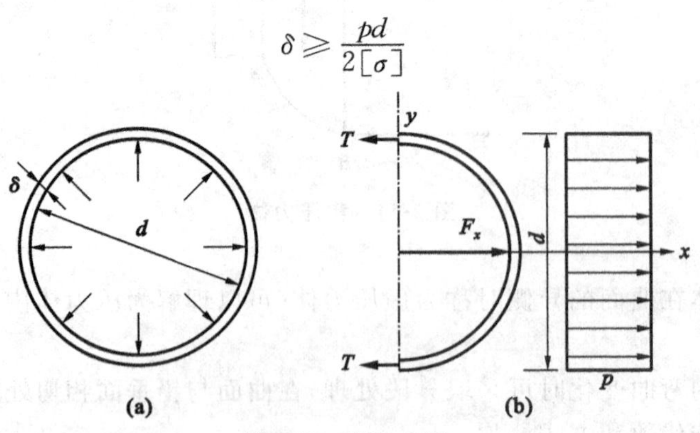

图 2-27 例 2-6 图

独立思考

2-1　流体静力学基本方程的几何意义和物理意义是什么？该方程有哪两种基本的表示形式？它们适用于何种流体，反映了静压强怎样的分布规律？

2-2　什么是等压面？等压面有哪些应用？

2-3　船体设计时，为什么要设计成对称形状？其所受静压强有哪些特点？

2-4　如何计算大坝所受的静压强？三峡大坝所受的静压强有多大？

2-5　水中闸门如何实现开关？

2-6　虚压力体与实压力体在生活中有哪些具体应用？

2-7　潜艇如何实现上浮和下沉？

2-8　在太空中，宇航员进行太空行走时为什么要穿宇航服？

习　题

2-1　在地球表面，只考虑重力作用的静止流体，则其等压面指的是(　　)。

A. 测压管水头相等的面

B. 充满各种流体的水平面

C. 充满流体且连通的水平面

D. 充满均质流体且连通的水平面

2-2　流体中某点的绝对压强为 102 kN/m^2，当地大气压为 1 at，则该点的相对压强为(　　)。

A. 1 kN/m^2　　B. 4 kN/m^2　　C. -1 kN/m^2　　D. -4 kN/m^2

2-3　$z+\frac{p}{\rho g}=C$ 是流体静力学方程式，从物理意义上 $\left(z+\frac{p}{\rho g}\right)$ 表示(　　)。

A. 单位重量流体对某一基准面所具有的位置能量

B. 单位重量流体对某一基准面所具有的压力能量

C. 单位重量流体对某一基准面所具有的势能

D. 单位质量流体对某一基准面所具有的势能

2-4　绝对压强 p_{abs} 与相对压强 p、真空值 p_v、当地大气压 p_a 之间的关系是(　　)。

A. $p_{abs}=p+p_v$　　B. $p=p_{abs}+p_a$　　C. $p_v=p_a-p_{abs}$　　D. $p=p_v+p_a$

2-5　为了求二向曲面引入压力体的概念，压力体是由三个条件构成的封闭体，下列不是构成二向曲面剖面条件的是(　　)。

A. 受压面曲线本身

B. 水面或水面的延长线

C. 水底或水底的延长线

D. 受压面曲线边缘点到水面或水面延长线的铅垂线

2-6　某一敞口油箱，深度为 3 m，油的密度为 800 kg/m^3，求箱底的相对压强。

2-7　如图 2-28 所示的密封水箱，若水面上的相对压强 $p_0=-44.5$ kPa。求：① h 值；② 水下 0.3 m M 点处的压强，要求分别用绝对压强、相对压强、真空度表示，其中相对压强值要求用水柱高及大气压表示；③ M 点相对于基准面 0—0 的测压管水头。

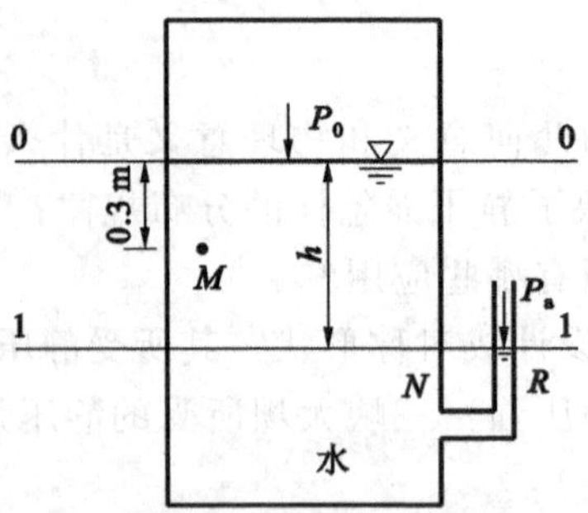

图 2-28 习题 2-7 图

2-8 如图 2-29 所示的封闭水容器，安装两个压力表，上压力表的读数为 0.05 kPa，下压力表的读数为 5 kPa，试求 A 点测压管高度 h。

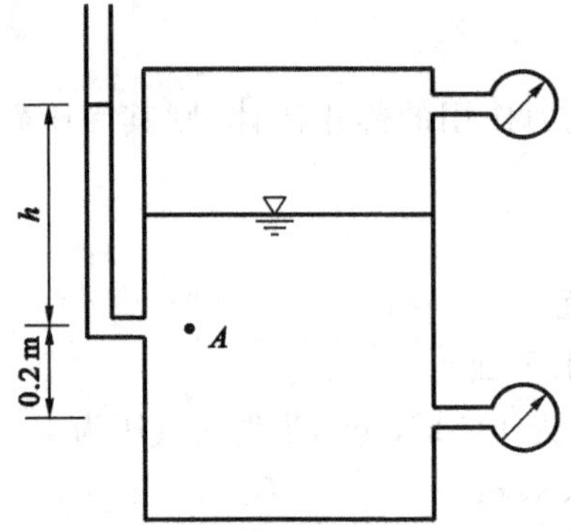

图 2-29 习题 2-8 图

2-9 某供水管路上装一复式 U 形水银测压计，如图 2-30 所示。已知测压计显示的各液面的标高和 A 点的标高分别为：$\nabla_1=1.8$ m，$\nabla_2=0.6$ m，$\nabla_3=2.0$ m，$\nabla_4=0.8$ m，$\nabla_A=\nabla_5=1.5$ m，试确定管中 A 点压强（$\rho_{水银}=13.6\times10^3\ \text{kg/m}^3$，$\rho_{水}=1\times10^3\ \text{kg/m}^3$）。

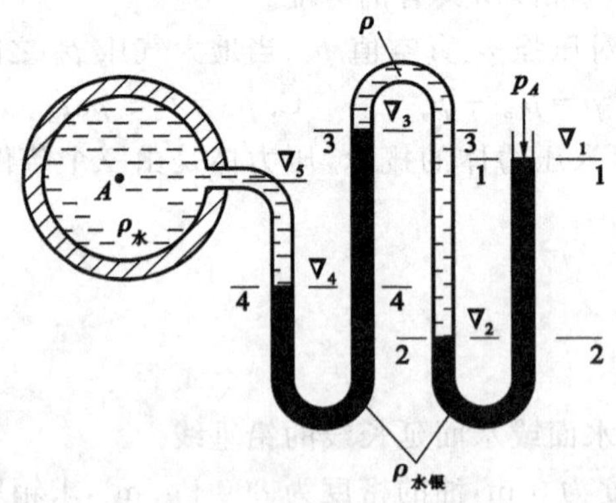

图 2-30 习题 2-9 图

2-10 图 2-31 所示为一铅直矩形闸门，已知 $h_1=1$ m，$h_2=2$ m，宽 $b=1.5$ m。求总压力大小及其作用点位置。

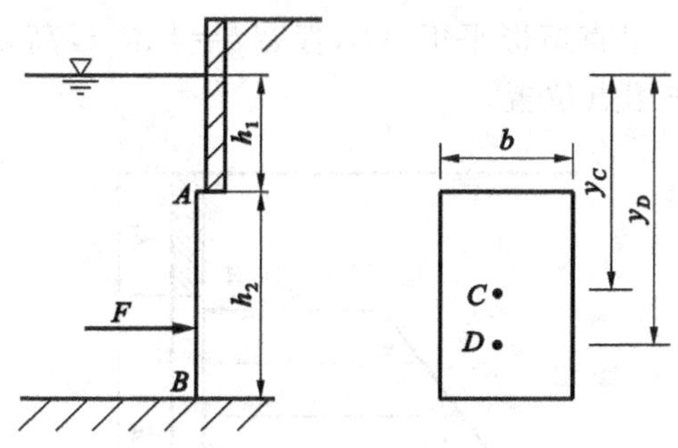

图 2-31　习题 2-10 图

2-11　如图 2-32 所示，涵洞进口设圆形平板闸门，其直径 $d=1$ m，闸门与水平面成倾角并铰接于 B 点，闸门中心点位于水下 4 m 处，门重 $G=980$ N。当门后无水时，求启门力 T(不计摩擦力)。

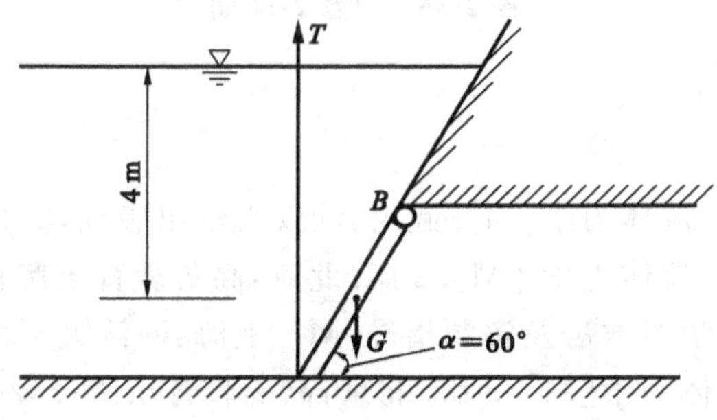

图 2-32　习题 2-11 图

2-12　绘制图 2-33 中 ABC 曲面上的压力体。

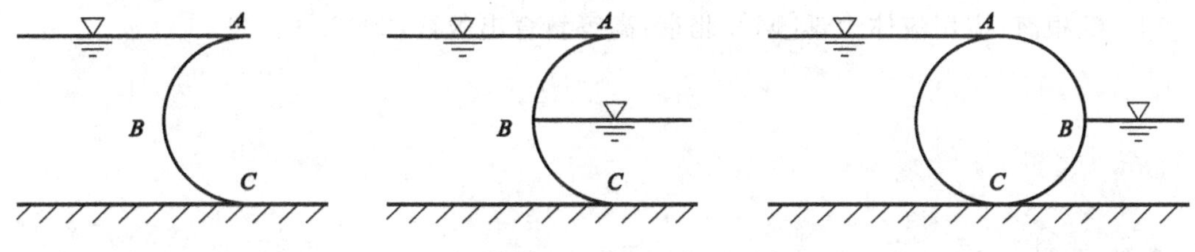

图 2-33　习题 2-12 图

2-13　某挡水坝如图 2-34 所示。已知 $h_1=6$ m，$h_2=12$ m，$l_1=5$ m，$l_2=12$ m，试求作用在单位宽度坝面上的静水总压力的大小、方向及该静水总压力对 O 点的力矩。

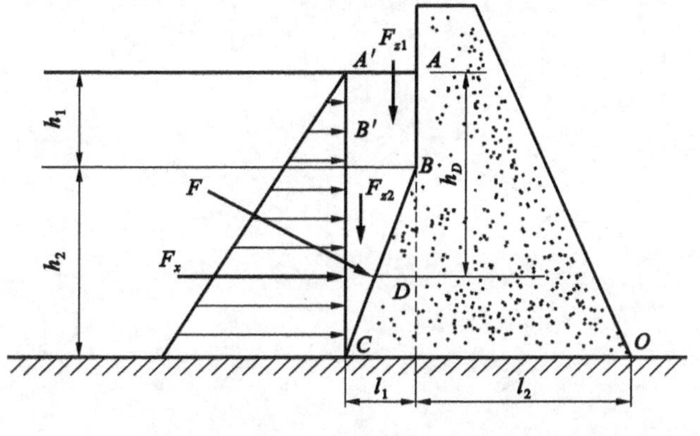

图 2-34　习题 2-13 图

2-14　如图 2-35 所示的铅直矩形平板 AB，板宽 $b=4$ m，板高 $h=3$ m，板顶水深 $h_1=1$ m，求静水总压力的大小及其作用点位置。

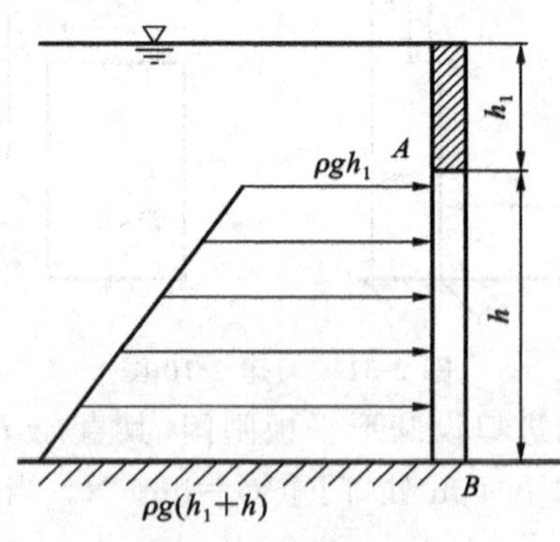

图 2-35　习题 2-14 图

参考文献

[1]　方达宪，张红亚. 流体力学[M]. 武汉：武汉大学出版社，2013.

[2]　李玉柱，苑明顺. 流体力学 [M]. 2 版. 北京：高等教育出版社，2008.

[3]　程军. 流体力学学习方法及解题指导[M]. 上海：同济大学出版社，2004.

[4]　陈卓如. 工程流体力学[M]. 3 版. 北京：高等教育出版社，2013.

[5]　谢振华. 工程流体力学[M]. 4 版. 北京：冶金工业出版社，2013.

[6]　禹华谦. 工程流体力学[M]. 成都：西南交通大学出版社，2010.

[7]　毛根海. 应用流体力学[M]. 北京：高等教育出版社，2006.

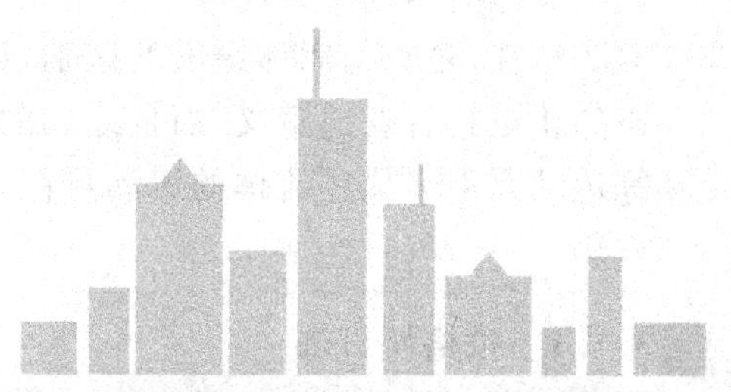

3 流体运动学

课前导问

流体的本质是流动，怎样才能描述由无数个质点构成的流体的运动呢？拉格朗日和欧拉是谁？流体运动学的基本任务有哪些？运动学和动力学有什么关系？一起开启你的流体运动学之旅吧！

课前提示

了解描述流体运动的两种方法，掌握质量守恒在流体研究中的具体应用。

3.1 流体运动的描述方法

流体的运动是充满某个空间区域的无数个流体质点运动的集合。流体的流动性是其最基本的特征，是其与固体最大的区别，描述流体运动的方法必须符合这种运动性质。流体的运动比静止更具有普遍意义，而且运动的流体更加有趣。流体运动学一般采用位移、速度、加速度等运动要素来描述流体的运动特征，但不涉及力的作用。下面分别介绍描述流体运动的两种方法。

3.1.1 拉格朗日法

拉格朗日法沿用了固体研究问题的方法，利用质点模型将流体的运动视为无数个质点运动的总和，分别对每个质点进行分析研究，再将质点的运动汇总起来，得到整个液体的运动情况，这在理论上是成立的。

拉格朗日法是以质点为研究对象，基于单个质点的分析，采用综合所有质点的方法来描述流体的运动。为了识别每个质点，用质点初始状态的坐标(a,b,c)作为该质点的标识，其运动轨迹就是初始坐标和时间的连续函数。

设质点 i 的初始坐标为：

$$a = x_i(0),\quad b = y_i(0),\quad c = z_i(0)$$

则质点在任意时刻的位置坐标为：

$$\boldsymbol{x}_i(t) = x(a,b,c,t) \tag{3-1a}$$

$$\begin{cases} x = x(a,b,c,t) \\ y = y(a,b,c,t) \\ z = z(a,b,c,t) \end{cases} \tag{3-1b}$$

式中，a,b,c,t 通常称为拉格朗日变量。

通过轨迹对时间 t 求导数，可得流体质点的运动速度 u 为：

$$u(a,b,c,t) = \frac{\partial x(a,b,c,t)}{\partial t} \tag{3-2a}$$

其在各坐标方向的投影为：

$$\begin{cases} u_x = \dfrac{\mathrm{d}x}{\mathrm{d}t} = \dfrac{\partial x}{\partial t} \\ u_y = \dfrac{\mathrm{d}y}{\mathrm{d}t} = \dfrac{\partial y}{\partial t} \\ u_z = \dfrac{\mathrm{d}z}{\mathrm{d}t} = \dfrac{\partial z}{\partial t} \end{cases} \tag{3-2b}$$

由于流体质点的初始坐标(a,b,c)与时间 t 无关，因此式(3-2b)的全导数与偏导数相等。同理可得流体的加速度 a 为：

$$a(a,b,c,t) = \frac{\partial^2 x(a,b,c,t)}{\partial t^2} \tag{3-3a}$$

其在各坐标方向的投影为：

$$\begin{cases} a_x = \dfrac{\mathrm{d}^2 x}{\mathrm{d}t^2} = \dfrac{\partial^2 x}{\partial t^2} \\ a_y = \dfrac{\mathrm{d}^2 y}{\mathrm{d}t^2} = \dfrac{\partial^2 y}{\partial t^2} \\ a_z = \dfrac{\mathrm{d}^2 z}{\mathrm{d}t^2} = \dfrac{\partial^2 z}{\partial t^2} \end{cases} \tag{3-3b}$$

流场中各种物理量(如压力、密度等)都用拉格朗日变量表示。拉格朗日法类似于跟踪法，比较直观，物理概念明确，很容易理解，但实际处理难度极大。因此可以将重点放在运动要素在空间的分布特性上，忽略质点运动轨迹的变化细节，这就是欧拉法。

3.1.2 欧拉法

流体占据的空间称为流场。场的实质是空间的连续性和各点值的确定性。欧拉法研究的不是每个流体质点的运动过程，而是不同时刻在某个空间点上流体物理量的变化，所以欧拉法属于场法。

欧拉法主要研究流体占据的空间点上运动要素的变化规律，不关注每一个质点的具体历程，而将重点放在各空间点上流体物理量的变化及相互关系上。这种着眼于空间点的描述方法称为欧拉法。欧拉法类似于布哨法，即根据研究精度的需求，在空间布设相应的哨位点，获得任意时刻运动要素的空间分布特性。

当采用欧拉法研究流体运动时，观察并获得流体质点通过某个固定空间点时所体现的物理量，如速度、加速度等。流体运动的速度可表示为：

$$\begin{cases} u_x = u_x(x,y,z,t) \\ u_y = u_y(x,y,z,t) \\ u_z = u_z(x,y,z,t) \end{cases} \tag{3-4}$$

式中，x、y、z、t 称为欧拉变量。式(3-4)表示某个流体质点在空间位置为(x,y,z)，时间为 t 时的速度。如固定空间点(x,y,z)，若时间变化，则表示该点物理量随时间的变化而变化；反之，如时间不变，空间坐标变化，则表示在某一瞬时该物理量随空间的变化而变化，即在空间的分布情况。流场的其他物理量如压强、密度等，也可用欧拉变量来表示。

3.1.3 流体质点加速度

加速度表示流体质点单位时间的速度变化，即速度对时间的导数。在求导过程中，流体质点的位置是变化的，因此在用速度对时间求导时，空间坐标(x,y,z)不再视为常数，而是时间 t 的函数。所以，加速度需按复合函数求导。加速度可表示为(以 x 方向为例)：

$$a_x = \frac{\mathrm{d}u_x}{\mathrm{d}t} = \frac{\partial u_x}{\partial t} + \frac{\partial u_x}{\partial x}\frac{\mathrm{d}x}{\mathrm{d}t} + \frac{\partial u_x}{\partial y}\frac{\mathrm{d}y}{\mathrm{d}t} + \frac{\partial u_x}{\partial z}\frac{\mathrm{d}z}{\mathrm{d}t}$$

式中，$\dfrac{\mathrm{d}x}{\mathrm{d}t}$、$\dfrac{\mathrm{d}y}{\mathrm{d}t}$、$\dfrac{\mathrm{d}z}{\mathrm{d}t}$分别为质点的运动轨迹对时间的导数，即速度在三个方向上的投影。因此，有

$$\begin{cases} a_x = \dfrac{\partial u_x}{\partial t} + u_x \dfrac{\partial u_x}{\partial x} + u_y \dfrac{\partial u_x}{\partial y} + u_z \dfrac{\partial u_x}{\partial z} \\ a_y = \dfrac{\partial u_y}{\partial t} + u_x \dfrac{\partial u_y}{\partial x} + u_y \dfrac{\partial u_y}{\partial y} + u_z \dfrac{\partial u_y}{\partial z} \\ a_z = \dfrac{\partial u_z}{\partial t} + u_x \dfrac{\partial u_z}{\partial x} + u_y \dfrac{\partial u_z}{\partial y} + u_z \dfrac{\partial u_z}{\partial z} \end{cases} \tag{3-5}$$

式(3-5)中，加速度的第一项是指同一空间点由于时间的变化而引起的加速度，此项称为当地加速度，也称时变加速度；加速度的后几项是由空间点的变化而引起的加速度，而时间固定，称为迁移加速度或位变加速度。所以，欧拉法表示的加速度是当地加速度和迁移加速度之和，称为全加速度。

式(3-5)写成矢量的形式为：

$$\boldsymbol{a} = \frac{\mathrm{d}\boldsymbol{u}}{\mathrm{d}t} = \frac{\partial \boldsymbol{u}}{\partial t} + u_x \frac{\partial \boldsymbol{u}}{\partial x} + u_y \frac{\partial \boldsymbol{u}}{\partial y} + u_z \frac{\partial \boldsymbol{u}}{\partial z} \tag{3-6}$$

数学上把$\frac{\partial f}{\partial t}$称为 f 的时变导数，$\boldsymbol{u} \cdot \nabla f$ 称为位变导数，因此式(3-6)也可表示为：

$$\boldsymbol{a} = \frac{\mathrm{d}\boldsymbol{u}}{\mathrm{d}t} = \frac{\partial \boldsymbol{u}}{\partial t} + (\boldsymbol{u} \cdot \nabla)\boldsymbol{u} \tag{3-7}$$

3.2 欧拉法的基本概念

欧拉法的核心是流场，因此流场的属性就是研究的重点。为了不同的研究目的，从不同的角度考查流动，可以得到流动的几种不同的分类方法。

3.2.1 一维流动、二维流动、三维流动

根据流场中各运动要素与空间坐标的关系，流体的流动可分为一维流动、二维流动、三维流动。运动要素仅随一个坐标(包括曲线坐标)变化的流动称为一维流动，运动要素随两个坐标(包括曲线坐标)变化的流动称为二维流动，运动要素随三个坐标(包括曲线坐标)变化的流动称为三维流动。

实际流体的运动要素大多是三个坐标的函数，属于三维流动。由于三维流动的复杂性，数学上处理起来非常困难，因此人们往往根据具体问题的性质把它简化为二维流动或一维流动来处理。

3.2.2 恒定流与非恒定流

若流场中各空间点上的所有运动要素都不随时间变化，则称为恒定流，否则称为非恒定流。恒定流中的一切运动要素与时间 t 无关，只是空间坐标(x,y,z)的函数，因此，速度、压强和密度对时间的导数都为 0，即$\frac{\partial u}{\partial t}=\frac{\partial p}{\partial t}=\frac{\partial \rho}{\partial t}=0$。自然界中的流动本质上都属于非恒定流，但为了研究方便，将运动要素随时间变化不大的流动近似看作恒定流。

例如，在图 3-1 中，如果水箱中的水位能保持不变，管道中的水流即为恒定流；如给水工程中的水塔水位不变，给水管中的水即为恒定流；再如水库水位不变时，供水发电洞中的水流就是恒定流。如图 3-1 所示，若水塔中的水位是变化的，那么管道中的水流为非恒定流。

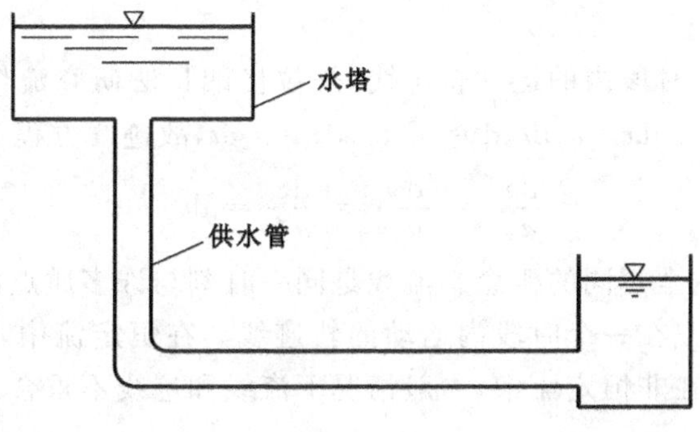

图 3-1 水塔

与非恒定流相比，恒定流少了一个时间变量 t，简化了问题。在实际工程中，不少非恒定流的运动要素随时间变化非常缓慢，可近似地将其作为恒定流来处理。

有时为了研究方便，通过坐标的变换，也可以将一些非恒定流变成恒定流。例如，船在静水中等速直线行驶时，船两侧的水流在岸上的人看来(即对于固结在岸上的坐标系来讲)是非恒定流，但站在船上的人看来(即对于固结在船上的坐标系来讲)则是恒定流。

3.2.3 流线与迹线

1. 流线

流线是指表示某瞬时流动方向的曲线。在该时刻，曲线上所有质点的流速矢量均与这条曲线相切（图 3-2）。因此，一条某时刻的流线表明了该时刻这条曲线上各点的流速方向。流线的形状一般与固体边界的形状有关，离边界越近，受边界的影响越大。在运动流体的整个空间，可绘出一系列流线直观地表示流场，这种流线图称为流谱。

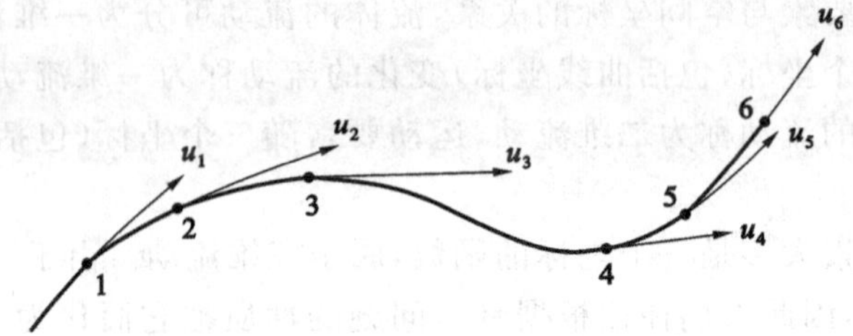

图 3-2 流线

流线具有以下特性：

① 一般情况下，流线不能相交，且流线只能是一条光滑曲线；

② 对于不可压缩流体，流线密的地方速度大，疏的地方速度小；

③ 在恒定流条件下，流线的形状、位置及流谱都不随时间变化；

④ 对于流体质点不能穿透的固体壁面（简称固壁），在固壁法线方向的速度分量为零。

流线的微元 $\mathrm{d}\boldsymbol{s}=\boldsymbol{i}\mathrm{d}x+\boldsymbol{j}\mathrm{d}y+\boldsymbol{k}\mathrm{d}z$ 与流速 $\boldsymbol{u}=u_x\boldsymbol{i}+u_y\boldsymbol{j}+u_z\boldsymbol{k}$ 方向相同，根据平行矢量的分量成比例的性质，可得流线的微分方程为：

$$\frac{\mathrm{d}x}{u_x}=\frac{\mathrm{d}y}{u_y}=\frac{\mathrm{d}z}{u_z} \tag{3-8}$$

2. 迹线

迹线是指质点在某一时段内的运动轨迹线，是拉格朗日法研究流体运动的重要工具。根据定义，迹线上任一微段有 $\mathrm{d}x=u_x\mathrm{d}t$，$\mathrm{d}y=u_y\mathrm{d}t$，$\mathrm{d}z=u_z\mathrm{d}t$，故迹线方程为：

$$\frac{\mathrm{d}x}{u_x}=\frac{\mathrm{d}y}{u_y}=\frac{\mathrm{d}z}{u_z}=\mathrm{d}t \tag{3-9}$$

流线和迹线是两个完全不同的概念。流线是同一时刻与许多质点的流速矢量相切的空间曲线，而迹线则是同一质点在一个时段内运动的轨迹线。在恒定流中，流线不随时间变化，同一点的流线和迹线重合；在非恒定流中，一般情况下流线和迹线不重合。

3.2.4 流管、流束、元流和总流

流管是指在流场中通过任意封闭曲线（非流线）的所有流线构成的管状曲面，如图 3-3(a)所示；流管内所有流体的流动称为流束，如图 3-3(b)所示。由于流线不能相交，因此在各个时刻，流体质点只能在流管内部或流管表面流动，不能穿越流管。因恒定流流线的形状与位置不随时间变化，故恒定流流管的形状与位置也不随时间变化。

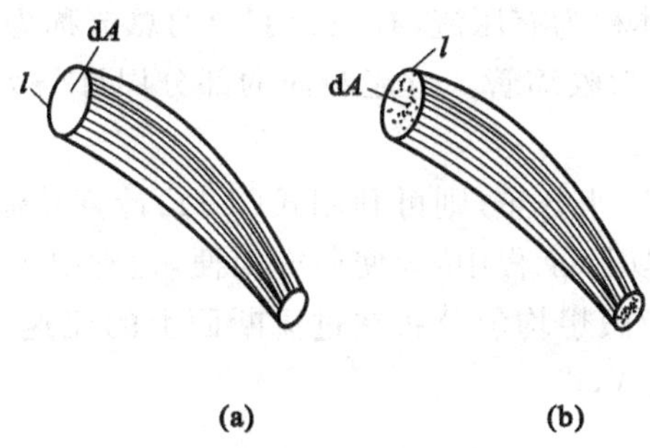

图 3-3 流管和流束

元流又称微小流束，即过流断面无穷小，是充满流管中流体的基本构成。元流的极限就是流线。当流管的壁面为流场的边界时，流管内所有流体质点所形成的流动就是总流，实际工程中的管流及明渠水流都是总流。

3.2.5 过流断面、流量与断面平均流速

过流断面是指与所有流线正交的横断面，如果流体是水，则通常称为过水断面。过流断面(图 3-4)一般是曲面，其形状与流线的分布情况有关。当流线相互平行时，过流断面为平面。

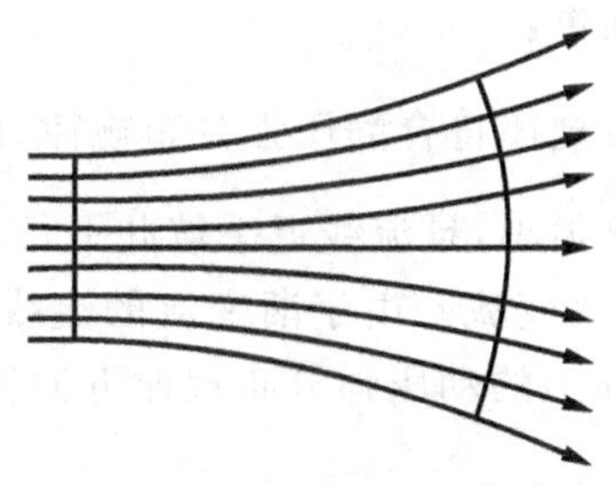

图 3-4 过流断面

由于元流的过流断面面积为无限小，因此元流同一断面上各点的运动要素，如流速、动压强等，在同一时刻可以认为是相等的；但对总流来说，同一过流断面上各点的运动要素不一定相等。

流量是指单位时间内通过过流断面的流体量。流体量一般可用体积或质量表示，故流量可相应地分为体积流量 Q(单位：m^3/s 或 L/s)和质量流量 Q_m(单位：kg/s)，简称体积流和质量流。

对于元流，因过流断面上各点的流速在同一时刻可以认为是相等的，而过流断面又与流速矢量正交，故元流的流量为：

$$dQ = u\mathrm{d}A \tag{3-10}$$

总流的流量等于所有元流的流量之和，即

$$Q = \int_A \mathrm{d}Q = \int_A u\,\mathrm{d}A \tag{3-11}$$

则质量流量为：

$$Q_m = \int_A \rho u\,\mathrm{d}A \tag{3-12}$$

对于均质不可压缩流体，密度 ρ 为常数，则 $Q_m = \rho Q$。

被流体充满的管道内流体称为有压流，有压管道内的总流称为管流。管道截面沿轴线方向增大时称为扩张管，减小时称为收缩管。过流断面的部分周界与大气接触时，称为明渠流或无压流。

如果已知过流断面上的流速分布，则可利用式(3-11)计算总流的流量。但是，一般情况下断面流速分布不易确定。在实际工程中，为使研究简便，通常引入断面平均流速的概念。

所谓断面平均流速，是指假想均匀分布在过流断面上的流速 v 等于流经过流断面的体积流量 Q 除以过流断面的面积 A，即

$$v=\frac{Q}{A}=\frac{\int_A u\mathrm{d}A}{A} \tag{3-13}$$

3.2.6 均匀流与非均匀流

根据位于同一流线上各质点的流速矢量是否沿流程变化，流体流动可分为均匀流和非均匀流两种。若流场中流线为直线且相互平行，这种流动则称为均匀流，否则称为非均匀流。

均匀流一般具有以下特点：

① 流线是相互平行的直线，因此过流断面是平面，且过流断面的面积沿流程不变；

② 同一流线上各点的流速相等；

③ 过流断面上的动压强分布规律符合静压强分布规律，即 $z+\frac{p}{\rho g}=C$。

如图 3-5 所示，当流线的曲率很小，且流线近乎彼此平行时称为渐变流；反之，流线的曲率较大或流线间的夹角较大时称为急变流。由于渐变流的流线近乎平行，因此可以近似认为渐变流的过流断面为平面，过流断面上的动压强分布规律近似符合静压强的分布规律。

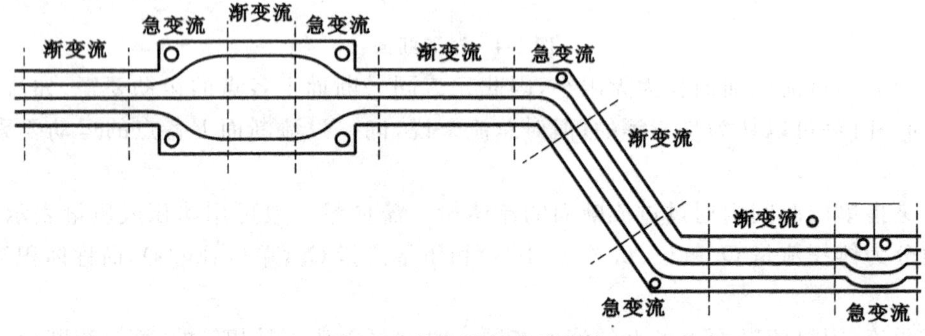

图 3-5 均匀流与非均匀流

渐变流和急变流的划分并没有非常严格的界限，工程中的具体流动是否按渐变流计算，要根据实际情况及忽略惯性力后所得的计算结果能否满足工程要求而定。

均匀流与恒定流、非均匀流与非恒定流是两种不同的概念。在恒定流中，当地加速度等于零；而在均匀流中，迁移加速度等于零。

3.3 连续性方程

质量守恒定律是适用于所有物质的普遍规律，流体和任何物质一样，在运动过程中也满足质量守恒定律。在流体力学研究中，利用质量守恒定律可以探求流体在运动过程中有关运动要素沿流程的变化规律，即连续性方程。

3.3.1 三维流动的连续性微分方程

在流场中，任取一以 $O'(x,y,z)$ 点为中心的微小六面体为控制体，如图 3-6 所示。控制体是在流场中选取的一个相对某一坐标系固定不变的空间，其形状、位置固定不变，流体可不受影响地通过，控制体的封闭截面称为控制面。控制体的实质是一种隔离体，用来将部分流体与外界隔离开，方便研究。设控制体边长分别为 $\mathrm{d}x$、$\mathrm{d}y$、$\mathrm{d}z$。

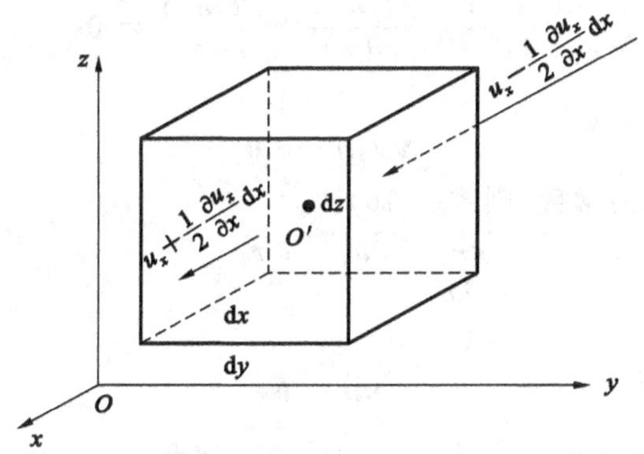

图 3-6 连续性微分方程

设某时刻通过 O' 点流体质点的三个流速分量为 u_x、u_y、u_z，密度为 ρ。根据泰勒级数展开，并略去高阶微量，可得该时刻通过各控制面中心点的流体质点的流速和密度。

在 x 方向，两控制面中心点的流速、密度分别为：$u_x-\frac{1}{2}\frac{\partial u_x}{\partial x}\mathrm{d}x$，$\rho-\frac{1}{2}\frac{\partial \rho}{\partial x}\mathrm{d}x$；$u_x+\frac{1}{2}\frac{\partial u_x}{\partial x}\mathrm{d}x$，$\rho+\frac{1}{2}\frac{\partial \rho}{\partial x}\mathrm{d}x$。

由于六面体无限小，可以认为同一控制面上各点的流速、密度均匀分布。因此，单位时间内从控制面流入控制体的流体质量为 $\left(\rho-\frac{1}{2}\frac{\partial \rho}{\partial x}\mathrm{d}x\right)\left(u_x-\frac{1}{2}\frac{\partial u_x}{\partial x}\mathrm{d}x\right)\mathrm{d}y\mathrm{d}z$，单位时间内从控制面流出控制体的流体质量为 $\left(\rho+\frac{1}{2}\frac{\partial \rho}{\partial x}\mathrm{d}x\right)\left(u_x+\frac{1}{2}\frac{\partial u_x}{\partial x}\mathrm{d}x\right)\mathrm{d}y\mathrm{d}z$，则单位时间内在 x 方向流进、流出控制体的流体质量差为 $-\frac{\partial(\rho u_x)}{\partial x}\mathrm{d}x\mathrm{d}y\mathrm{d}z$。

同理，单位时间内在 y、z 方向流进和流出控制体的流体质量分别为 $-\frac{\partial(\rho u_y)}{\partial x}\mathrm{d}x\mathrm{d}y\mathrm{d}z$ 和 $-\frac{\partial(\rho u_z)}{\partial x}\mathrm{d}x\mathrm{d}y\mathrm{d}z$。

因流体是连续介质，根据质量守恒定律，单位时间内流进、流出控制体的流体质量差应等于控制体内流体因密度变化所引起的质量增量，即

$$-\left[\frac{\partial(\rho u_x)}{\partial x}+\frac{\partial(\rho u_y)}{\partial y}+\frac{\partial(\rho u_z)}{\partial z}\right]\mathrm{d}x\mathrm{d}y\mathrm{d}z=\frac{\partial\rho}{\partial t}\mathrm{d}x\mathrm{d}y\mathrm{d}z$$

整理上式，得

$$\frac{\partial\rho}{\partial t}+\frac{\partial(\rho u_x)}{\partial x}+\frac{\partial(\rho u_y)}{\partial y}+\frac{\partial(\rho u_z)}{\partial z}=0 \tag{3-14}$$

或写成矢量形式为：

$$\frac{\partial\rho}{\partial t}+\nabla(\rho\boldsymbol{u})=\boldsymbol{0} \tag{3-15}$$

式(3-15)即为流体运动的连续性微分方程的一般形式，它表达了任何可能存在的流体运动所必须满足的连续性条件，即质量守恒条件。

对于恒定流，$\frac{\partial\rho}{\partial t}=0$，则式(3-14)可变为：

$$\frac{\partial(\rho u_x)}{\partial x}+\frac{\partial(\rho u_y)}{\partial y}+\frac{\partial(\rho u_z)}{\partial z}=0 \tag{3-16}$$

或

$$\nabla(\rho\boldsymbol{u})=\boldsymbol{0} \tag{3-17}$$

对于不可压缩流体，ρ 为常数，则式(3-16)变为：

$$\frac{\partial u_x}{\partial x}+\frac{\partial u_y}{\partial y}+\frac{\partial u_z}{\partial z}=0 \tag{3-18}$$

或

$$\nabla\boldsymbol{u}=\boldsymbol{0} \tag{3-19}$$

【例 3-1】 假设有一速度场 $u_x=\frac{t}{\rho}$，$u_y=\frac{3xy}{\rho}$，$u_z=\frac{xz}{\rho}$，$\rho=t$。问：

① 这种流动能否发生？

② 若式中 u_x、u_y、ρ 值不变，求实际流场中的 u_z 值。

【解】 ① 由式(3-14)有

$$\frac{\partial\rho}{\partial t}+\frac{\partial(\rho u_x)}{\partial x}+\frac{\partial(\rho u_y)}{\partial y}+\frac{\partial(\rho u_z)}{\partial z}=1+0+3x+x\neq 0$$

所以，这种速度场不满足连续性条件，该流动不可能发生。

② 实际流场必然满足连续性条件，即

$$\frac{\partial(\rho u_z)}{\partial z}=-\left[\frac{\partial\rho}{\partial t}+\frac{\partial(\rho u_x)}{\partial x}+\frac{\partial(\rho u_y)}{\partial y}\right]=-(1+0+3x)=-1-3x$$

积分得

$$\rho u_z=-z-3xz+f(x,y)$$

即

$$u_z=-\frac{z}{\rho}(1+3x)+\frac{f(x,y)}{\rho}$$

$f(x,y)$ 是 (x,y) 的任意函数，有无数个 $f(x,y)$ 函数满足 u_z 值。若令 $f(x,y)=0$，则可得到一个满足实际流场的 u_z 值，即 $u_z=-\frac{z}{\rho}(1+3x)$。

3.3.2 恒定一维流动的连续性方程

恒定不可压缩总流的连续性方程可通过式(3-18)对总流控制体(图 3-7)积分得到。

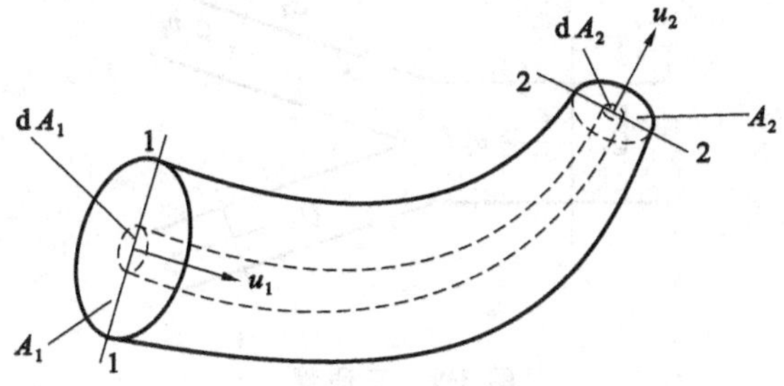

图 3-7 总流控制体

设总流控制体的体积为 V,其微元体积为 $\mathrm{d}V$,则有

$$\int_V \left(\frac{\partial u_x}{\partial x} + \frac{\partial u_y}{\partial y} + \frac{\partial u_z}{\partial z}\right)\mathrm{d}V = 0$$

流体运动的连续性方程是不涉及任何作用力的运动学方程,因此它对理想流体和实际流体都适用。

【例 3-2】 通过管道中的液体的质量流量 $Q_m = 200$ kg/s,密度 $\rho = 850$ kg/m^3,管道断面尺寸如图 3-8 所示,$d_1 = 500$ mm,$d_2 = 400$ mm,$d_3 = 300$ mm,求各断面的平均流速。

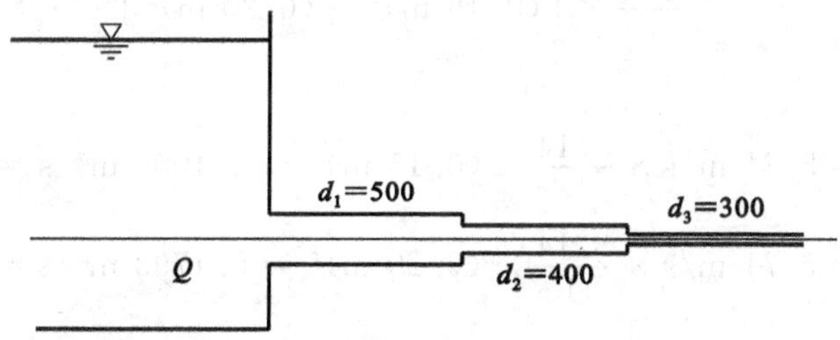

图 3-8 串联管道

【解】 根据管道的质量流量求管道的体积流量,则:

$$Q = \frac{Q_m}{\rho} = \frac{200\ \text{kg/s}}{850\ \text{kg/m}^3} = 0.24\ \text{m}^3/\text{s}$$

各断面的面积如下:

$$A_1 = \frac{\pi d_1^2}{4} = \frac{3.14 \times (0.5\ \text{m})^2}{4} = 0.20\ \text{m}^2$$

$$A_2 = \frac{\pi d_2^2}{4} = \frac{3.14 \times (0.4\ \text{m})^2}{4} = 0.13\ \text{m}^2$$

$$A_3 = \frac{\pi d_3^2}{4} = \frac{3.14 \times (0.3\ \text{m})^2}{4} = 0.07\ \text{m}^2$$

根据连续性方程,管道中流量相等,即 $Q = v_1 A_1 = v_2 A_2 = v_3 A_3$,可得

$$v_1 = \frac{Q}{A_1} = \frac{0.24\ \text{m}^3/\text{s}}{0.2\ \text{m}^2} = 1.20\ \text{m/s}$$

$$v_2 = \frac{Q}{A_2} = \frac{0.24\ \text{m}^3/\text{s}}{0.13\ \text{m}^2} = 1.85\ \text{m/s}$$

$$v_3 = \frac{Q}{A_3} = \frac{0.24\ \text{m}^3/\text{s}}{0.07\ \text{m}^2} = 3.43\ \text{m/s}$$

【例 3-3】 图 3-9 所示为一三通管。已知两支管的直径分别为 $d_2=150$ mm，$d_3=200$ mm，流量 $Q_1=280$ L/s。如果两支管断面平均流速相等，试求两支管流量 Q_2 和 Q_3。

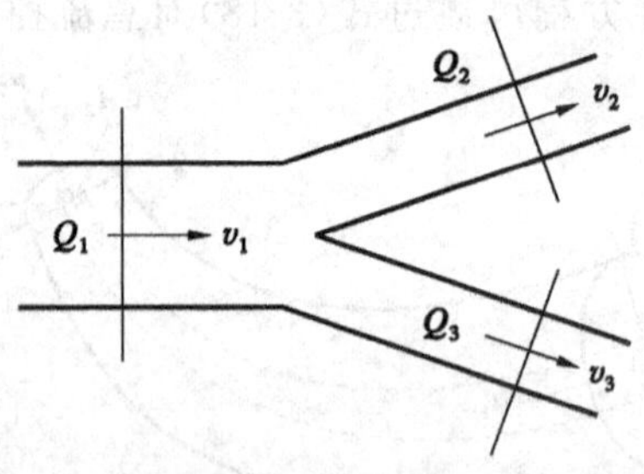

图 3-9　三通管

【解】 由连续性方程，得

$$Q_1 = Q_2 + Q_3 = v_2 \frac{\pi}{4} d_2^2 + v_3 \frac{\pi}{4} d_3^2$$

因 $v_2 = v_3$，故

$$v_2 = v_3 = \frac{Q_1}{\frac{\pi}{4}(d_2^2 + d_3^2)}$$

$$= \frac{280 \times 10^{-3}\ \mathrm{m^3/s}}{\frac{3.14}{4} \times [(0.15\ \mathrm{m})^2 + (0.20\ \mathrm{m})^2]} = 5.71\ \mathrm{m/s}$$

各支管流量为：

$$Q_2 = v_2 A_2 = 5.71\ \mathrm{m/s} \times \frac{3.14}{4} \times (0.15\ \mathrm{m})^2 = 0.1009\ \mathrm{m^3/s} = 100.9\ \mathrm{L/s}$$

$$Q_3 = v_3 A_3 = 5.71\ \mathrm{m/s} \times \frac{3.14}{4} \times (0.20\ \mathrm{m})^2 = 0.1793\ \mathrm{m^3/s} = 179.3\ \mathrm{L/s}$$

独立思考

3-1　拉格朗日变量和欧拉变量各指什么？

3-2　流线是真实存在的吗？流线对研究流体的运动有什么作用？

3-3　为什么在研究流体运动时会涉及两个加速度？

3-4　对于自来水管道中的流体与河流中的流体，两者流动有哪些不同点？

3-5　黄河的流量如何测定？

3-6　断面平均流速是流体的真实速度吗？

3-7　拉格朗日法和欧拉法各有什么特点？各有哪些具体应用？

习　题

3-1　下列关于流场中对于流线的定义说法正确的是(　　)。

A. 在流场中各质点的速度方向连成的曲线

B. 在流场中同一时刻、不同质点的速度方向线连成的曲线

C. 在流场中不同时刻、同一质点的速度方向线连成的曲线

D. 上述说法都不正确

3-2　水箱已注满水，若能保持水位不变，则从水箱管道中流出的流体可以按(　　)处理。

A. 恒定流　　B. 理想流　　C. 均匀流　　D. 无压流

3-3　如图 3-10 所示的等直径水管，AA 为过流断面，BB 为水平面，1、2、3、4 为面上各点，各点的运动物理量之间的关系为(　　)。

A. $p_1=p_2$　　B. $p_3=p_4$　　C. $z_1+\frac{p_1}{\rho g}=z_2+\frac{p_2}{\rho g}$　　D. $z_3+\frac{p_3}{\rho g}=z_4+\frac{p_4}{\rho g}$

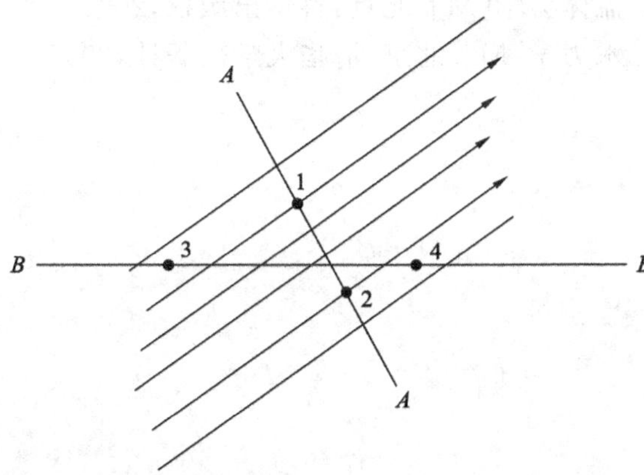

图 3-10　习题 3-3 图

3-4　均匀流的(　　)加速度为零。

A. 当地　　B. 向心　　C. 离心　　D. 迁移

3-5　在(　　)流动中，流线和迹线重合。

A. 恒定　　B. 非恒定　　C. 不可压缩流体　　D. 均匀流

3-6　有一变直径管，直径 $d_1=200$ mm，$d_2=100$ mm，流速 $v_1=3$ m/s，求 v_2。

3-7 有一三通管，进口主管直径 $d=500\ \mathrm{mm}$，出口支管直径 $d_1=200\ \mathrm{mm}$，$d_2=150\ \mathrm{mm}$，流量 $Q_1=0.005\ \mathrm{m^3/s}$。已知出口支管流速 $v_1=2v_2$，求进口主管平均速度。

3-8 已知半径为 r_0 的圆管中，过流断面上的流速分布为 $u=u_{\max}\left(\dfrac{y}{r_0}\right)^{1/7}$，式中 $u_{\max}$ 为轴线上断面的最大流速，y 为最大流速的点至管壁的距离，如图 3-11 所示。试求：

① 通过的流量和断面的平均流速；

② 过流断面上，速度等于平均流速的点至管壁的距离。

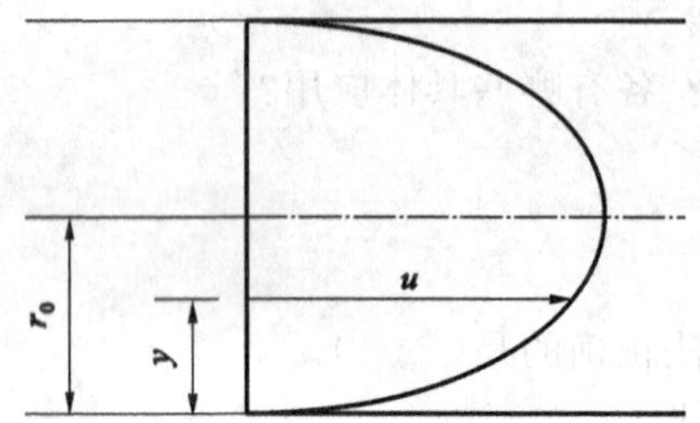

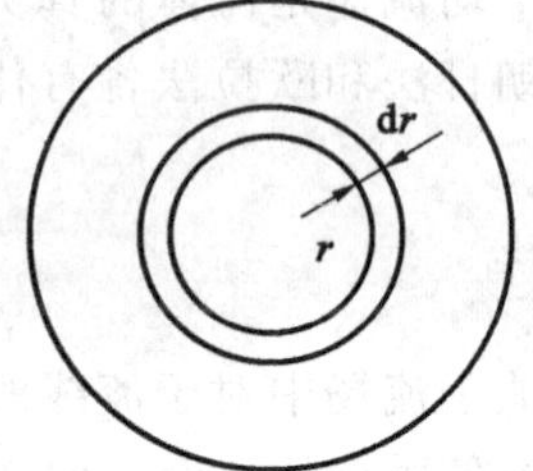

图 3-11 习题 3-8 图

参考文献

[1] 方达宪，张红亚．流体力学[M]．武汉：武汉大学出版社，2013．

[2] 李玉柱，苑明顺．流体力学[M]．2 版．北京：高等教育出版社，2008．

[3] 谢振华．工程流体力学[M]．4 版．北京：冶金工业出版社，2013．

[4] 陈卓如．工程流体力学[M]．3 版．北京：高等教育出版社，2013．

[5] 蔡增基．流体力学学习辅导与习题精解[M]．北京：中国建筑工业出版社，2007．

[6] 施永生，徐向荣．流体力学[M]．北京：科学出版社，2005．

[7] 赵振兴，何建京．水力学[M]．北京：清华大学出版社，2005．

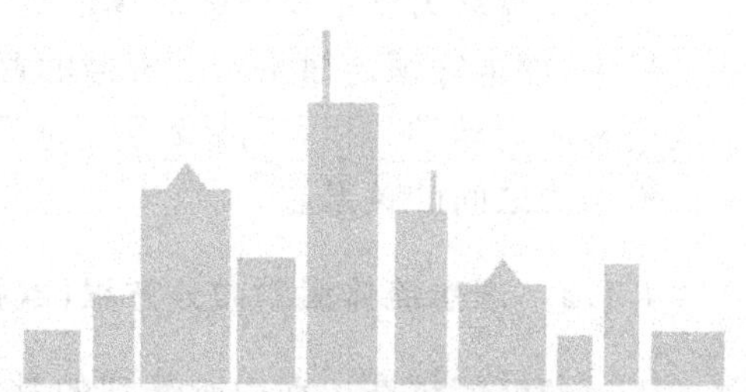

4 流体动力学

课前导问

飞机为什么能飞上天？F1赛车为什么要加装扰流板？高尔夫球的表面为什么是凹凸不平的？汽车为什么要设计成流线型？什么是龙卷风？运动的流体和静止的流体有什么不同？流动是流体的本质，让我们一起探索运动流体的动力来源吧！

课前提示

了解并掌握质量守恒、能量守恒、动量守恒在流体动力学中的具体运用。

4.1 流体运动微分方程

流体动力学主要研究流体的运动要素与引起运动的原因——作用力之间的关系。在自然界中，能量守恒定律是物质遵循的普遍规律，从质量守恒定律可以推出流体的连续性方程。它是一个运动学方程，不涉及力。为了解决实际问题，还需要从动力学的角度研究流体的运动要素与力之间的关系。

4.1.1 理想流体运动微分方程（欧拉方程）

忽略流体在运动中所受到的黏滞力，理想流体的应力状态与静止流体相似，只有压强作用，它沿着作用面的内法线方向，而且各向等值。因此，理想流体的分析和研究可以大为简化，得到流体运动微分方程的解析解，再加上黏性作用就可以得到实际流体的运动微分方程。

在运动的理想流体中，取一微元六面体（图 4-1），设正交的三个边长为 dx、dy、dz，其中心点 O' 坐标为 (x,y,z)，速度为 u，压强为 p。假定其封闭边界随流体一起运动，以 x 方向为例，分析该微元六面体的受力和运动情况。

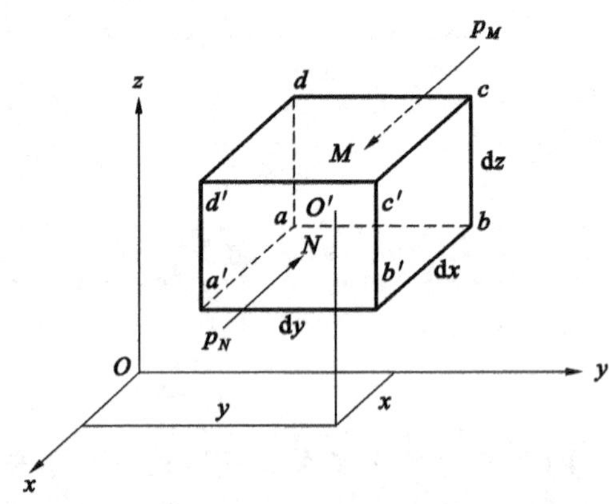

图 4-1 微元六面体

(1) 表面力

由于理想流体无黏性，因此不存在切应力，微元六面体的表面力只有压力，外界对它的作用仅通过表面力和动量进行交换。又因理想流体的动压强特性与静压强特性相同，即

$$p_x = p_y = p_z = p$$

则微元六面体在 x 方向的表面力为（后表面中心点为 M，前表面中心点为 N）：

后表面

$$p_M A = \left(p - \frac{\partial p}{\partial x}\frac{dx}{2}\right)dydz$$

前表面

$$p_N A = \left(p + \frac{\partial p}{\partial x}\frac{dx}{2}\right)dydz$$

(2) 质量力

微元六面体在 x 方向的质量力为 $f_x\rho\mathrm{d}x\mathrm{d}y\mathrm{d}z$。

根据牛顿第二定律,任意瞬时作用在六面体的所有外力之和等于质点系的质量与加速度的乘积,即

$$\sum F_x = ma_x$$

$$\left(p-\frac{\partial p}{\partial x}\frac{\mathrm{d}x}{2}\right)\mathrm{d}y\mathrm{d}z-\left(p+\frac{\partial p}{\partial x}\frac{\mathrm{d}x}{2}\right)\mathrm{d}y\mathrm{d}z+f_x\rho\mathrm{d}x\mathrm{d}y\mathrm{d}z=\rho\mathrm{d}x\mathrm{d}y\mathrm{d}z\frac{\mathrm{d}u_x}{\mathrm{d}t}$$

上式中,等号左侧第一项和第二项是六面体后表面和前表面的压力,第三项为质量力,等号右侧是质量与全加速度的乘积。上式整理后得

$$f_x-\frac{1}{\rho}\frac{\partial p}{\partial x}=a_x \tag{4-1a}$$

同理

$$f_y-\frac{1}{\rho}\frac{\partial p}{\partial y}=a_y \tag{4-1b}$$

$$f_z-\frac{1}{\rho}\frac{\partial p}{\partial z}=a_z \tag{4-1c}$$

将全加速度代入式(4-1a)~式(4-1c),整理得

$$f_x-\frac{1}{\rho}\frac{\partial p}{\partial x}=\frac{\partial u_x}{\partial t}+u_x\frac{\partial u_x}{\partial x}+u_y\frac{\partial u_x}{\partial y}+u_z\frac{\partial u_x}{\partial z} \tag{4-2a}$$

$$f_y-\frac{1}{\rho}\frac{\partial p}{\partial y}=\frac{\partial u_y}{\partial t}+u_x\frac{\partial u_y}{\partial x}+u_y\frac{\partial u_y}{\partial y}+u_z\frac{\partial u_y}{\partial z} \tag{4-2b}$$

$$f_z-\frac{1}{\rho}\frac{\partial p}{\partial z}=\frac{\partial u_z}{\partial t}+u_x\frac{\partial u_z}{\partial x}+u_y\frac{\partial u_z}{\partial y}+u_z\frac{\partial u_z}{\partial z} \tag{4-2c}$$

用矢量表示为:

$$\boldsymbol{f}-\frac{1}{\rho}\nabla p=\frac{\partial \boldsymbol{u}}{\partial t}+(\boldsymbol{u}\cdot\nabla)\boldsymbol{u} \tag{4-2d}$$

该方程为理想流体的运动微分方程,又称欧拉运动微分方程,简称欧拉方程,由瑞士数学家欧拉于 1775 年发现。

对于不可压缩理想流体,一般单位质量力为 f_x、f_y、f_z,已知 $\rho=C$,四个未知量 u_x、u_y、u_z 和 p,由式(4-2)和$\nabla\cdot\boldsymbol{u}=0$ 可组成封闭的方程组。因此,在理论上,理想流体的流动问题都可以用这组方程进行求解。

欧拉运动微分方程和连续性方程奠定了理想流体动力学的理论基础。

4.1.2 纳维-斯托克斯方程

法国土木工程师纳维和英国物理学家斯托克斯等人先后提出并完善了黏性流体运动微分方程,称为纳维-斯托克斯方程(简称 N-S 方程),该方程有非常广泛的应用。

实际流体都是有黏性的,利用理想流体运动微分方程解决实际问题存在局限性,因此需要建立黏性流体的运动微分方程。

黏性流体的应力状态与理想流体不同,由于黏性作用,运动时出现切应力,因此黏性流体的表面力包括压应力和切应力。

黏性流体的动压强分布与理想流体不同，由于黏性的存在，各向动压强大小不等，与作用面的方位有关，即 $p_{xx} \neq p_{yy} \neq p_{zz}$，但同一点任意三个正交面上的法向应力之和不变。因此，把某点三个正交面上的法向应力的平均值定义为该点的动压强，即

$$p = \frac{1}{3}(p_{xx} + p_{yy} + p_{zz})$$

不可压缩流体($\rho = C$)的各向动压强为：

$$\begin{cases} p_{xx} = p - 2\mu \dfrac{\partial u_x}{\partial x} \\ p_{yy} = p - 2\mu \dfrac{\partial u_y}{\partial y} \\ p_{zz} = p - 2\mu \dfrac{\partial u_z}{\partial z} \end{cases}$$

根据牛顿第二定律，整理可得不可压缩黏性流体的运动微分方程为：

$$f_x - \frac{1}{\rho}\frac{\partial p}{\partial x} + \nu \nabla^2 u_x = \frac{\partial u_x}{\partial t} + u_x \frac{\partial u_x}{\partial x} + u_y \frac{\partial u_x}{\partial y} + u_z \frac{\partial u_x}{\partial z} \tag{4-3a}$$

$$f_y - \frac{1}{\rho}\frac{\partial p}{\partial y} + \nu \nabla^2 u_y = \frac{\partial u_y}{\partial t} + u_x \frac{\partial u_y}{\partial x} + u_y \frac{\partial u_y}{\partial y} + u_z \frac{\partial u_y}{\partial z} \tag{4-3b}$$

$$f_z - \frac{1}{\rho}\frac{\partial p}{\partial z} + \nu \nabla^2 u_z = \frac{\partial u_z}{\partial t} + u_x \frac{\partial u_z}{\partial x} + u_y \frac{\partial u_z}{\partial y} + u_z \frac{\partial u_z}{\partial z} \tag{4-3c}$$

用矢量表示为

$$\boldsymbol{f} - \frac{1}{\rho}\nabla p + \nu \nabla^2 \boldsymbol{u} = \frac{\partial \boldsymbol{u}}{\partial t} + (\boldsymbol{u} \cdot \nabla)\boldsymbol{u} \tag{4-3d}$$

式中，∇^2为拉普拉斯算子，且有

$$\nabla^2 = \frac{\partial^2}{\partial x^2} + \frac{\partial^2}{\partial y^2} + \frac{\partial^2}{\partial z^2}$$

4.2 元流的能量方程

4.2.1 理想流体元流的伯努利方程

流体的运动过程实质上是一种能量的转化过程。对于常密度流体，欧拉方程的空间积分就是能量方程。

在实际研究中，能量方程比欧拉方程更能推出解析解。通过分析流体运动时能量之间的关系，可以推出恒定元流的能量方程，又称伯努利方程。建立了伯努利方程后，就可以联立连续性方程，解决许多实际问题。

假设流体恒定，$\boldsymbol{u}=\boldsymbol{u}(x,y,z)$，$\boldsymbol{p}=p(x,y,z)$，理想流体运动微分方程(4-2)化简为：

$$f_x-\frac{1}{\rho}\frac{\partial p}{\partial x}=u_x\frac{\partial u_x}{\partial x}+u_y\frac{\partial u_x}{\partial y}+u_z\frac{\partial u_x}{\partial z} \tag{4-4a}$$

$$f_y-\frac{1}{\rho}\frac{\partial p}{\partial y}=u_x\frac{\partial u_y}{\partial x}+u_y\frac{\partial u_y}{\partial y}+u_z\frac{\partial u_y}{\partial z} \tag{4-4b}$$

$$f_z-\frac{1}{\rho}\frac{\partial p}{\partial z}=u_x\frac{\partial u_z}{\partial x}+u_y\frac{\partial u_z}{\partial y}+u_z\frac{\partial u_z}{\partial z} \tag{4-4c}$$

上式分别乘以流线上微元线段的投影 $\mathrm{d}x$、$\mathrm{d}y$、$\mathrm{d}z$，则式(4-4a)变为

$$f_x\mathrm{d}x-\frac{1}{\rho}\frac{\partial p}{\partial x}\mathrm{d}x=\left(u_x\frac{\partial u_x}{\partial x}+u_y\frac{\partial u_x}{\partial y}+u_z\frac{\partial u_x}{\partial z}\right)\mathrm{d}x=u_x\mathrm{d}u_x$$

同理，有

$$f_y\mathrm{d}y-\frac{1}{\rho}\frac{\partial p}{\partial y}\mathrm{d}y=u_y\mathrm{d}u_y$$

$$f_z\mathrm{d}z-\frac{1}{\rho}\frac{\partial p}{\partial z}\mathrm{d}z=u_z\mathrm{d}u_z$$

将上面三个式子相加，若流体为不可压缩流体，ρ 为常数，其中

$$\frac{1}{\rho}\left(\frac{\partial p}{\partial x}\mathrm{d}x+\frac{\partial p}{\partial y}\mathrm{d}y+\frac{\partial p}{\partial z}\mathrm{d}z\right)=\frac{1}{\rho}\mathrm{d}p$$

$$u_x\mathrm{d}u_x+u_y\mathrm{d}u_y+u_z\mathrm{d}u_z=\mathrm{d}\left(\frac{u_x^2+u_y^2+u_z^2}{2}\right)=\mathrm{d}\left(\frac{u^2}{2}\right)$$

所以

$$f_x\mathrm{d}x+f_y\mathrm{d}y+f_z\mathrm{d}z-\frac{1}{\rho}\mathrm{d}p=\mathrm{d}\left(\frac{u^2}{2}\right) \tag{4-5}$$

在重力场中，作用在流体上的质量力只有重力，即 $f_x=f_y=0$，$f_z=-g$，代入式(4-5)，得

$$\mathrm{d}\left(\frac{u^2}{2}+\frac{p}{\rho}+gz\right)=0$$

沿流线积分，得

$$z+\frac{p}{\rho g}+\frac{u^2}{2g}=C \tag{4-6}$$

对同一流线上的任意两点 1、2，则有

$$z_1+\frac{p_1}{\rho g}+\frac{u_1^2}{2g}=z_2+\frac{p_2}{\rho g}+\frac{u_2^2}{2g} \tag{4-7}$$

瑞士数学家、物理学家伯努利根据能量守恒定律，结合实验，在1738年提出与式(4-7)类似的公式，因此式(4-7)也称伯努利方程。

由于元流的面积无限小，因此沿流线的伯努利方程就是元流的伯努利方程。应用伯努利方程必须满足四个条件：① ρ 为常数；② 理想恒定流；③ 质量力只有重力；④ $\mathrm{d}r$ 沿着流线。

伯努利方程也称能量方程，因此在有势力场中，常密度理想恒定流中单位质量流体的机械能沿着流线守恒。

4.2.2 伯努利方程的几何及物理意义

1. 几何意义

理想液体元流的伯努利方程[式(4-6)]中的每一项都有长度量纲 L，因此每一项都有特定的几何意义，具体如下：

z——位置高度，又称位置水头；

$\dfrac{p}{\rho g}$——测压管高度，又称压强水头；

$\dfrac{u^2}{2g}$——流速水头；

$z+\dfrac{p}{\rho g}$——测压管水头；

$z+\dfrac{p}{\rho g}+\dfrac{u^2}{2g}$——总水头。

2. 物理意义

伯努利方程[式(4-6)]中的每一项分别代表不同的能量形式，具体如下：

z——单位重量流体具有的位能，又称重力势能；

$\dfrac{p}{\rho g}$——单位重量流体具有的压能，又称压强势能；

$z+\dfrac{p}{\rho g}$——单位重量流体具有的总势能；

$\dfrac{u^2}{2g}$——单位重量流体具有的动能；

$z+\dfrac{p}{\rho g}+\dfrac{u^2}{2g}$——单位重量流体具有的机械能。

4.2.3 黏性流体元流的伯努利方程

实际流体由于具有黏性，流体运动时内部会产生黏滞阻力。流体克服阻力做功，将使流体的部分机械能转化为热能而损失。因此，黏性流体在流动过程中机械能是沿程减小的。设 h_w' 为黏性流体在两个过流断面(1—1断面和2—2断面)之间的机械能损失，也称水头损失。根据能量守恒定律，黏性流体元流的伯努利方程为：

$$z_1+\frac{p_1}{\rho g}+\frac{u_1^2}{2g}=z_2+\frac{p_2}{\rho g}+\frac{u_2^2}{2g}+h_w' \tag{4-8}$$

4.3 总流的能量方程

4.3.1 总流伯努利方程

在式(4-8)的两端,同时乘以流量为 dQ 流体的重量 $\rho g dQ$,得到单位时间内通过两过流断面全部流体的能量关系式为:

$$\rho g dQ\left(z_1+\frac{p_1}{\rho g}+\frac{u_1^2}{2g}\right)=\rho g dQ\left(z_2+\frac{p_2}{\rho g}+\frac{u_2^2}{2g}\right)+\rho g dQ h'_w$$

将连续性方程 $dQ=u_1 dA_1=u_2 dA_2$ 代入上式,并在过流断面上积分,得到总流过流断面上能量之间的关系式为:

$$\rho g\int_{A_1}\left(z_1+\frac{p_1}{\rho g}\right)u_1 dA_1+\rho g\int_{A_1}\frac{u_1^2}{2g}u_1 dA_1=$$
$$\rho g\int_{A_2}\left(z_2+\frac{p_2}{\rho g}\right)u_2 dA_2+\rho g\int_{A_2}\frac{u_2^2}{2g}u_2 dA_2+\rho g\int_Q h'_w dQ \tag{4-9}$$

上式含三类积分,现分别说明和积分如下。

① 势能积分。$\rho g\int_A\left(z+\frac{p}{\rho g}\right)u dA\left(=\rho g\int_A H_p u dA\right)$ 是单位时间内总流过流断面流体势能的总和。假定两个断面满足均匀流动或渐变流动,利用 H_p 为常数,可将断面积分写为:

$$\rho g\int_A\left(z+\frac{p}{\rho g}\right)u dA=\rho g Q\left(z+\frac{p}{\rho g}\right)=\rho g H_p Q \tag{4-10}$$

② 动能积分。$\rho g\int_A\frac{u^2}{2g}u dA$ 是单位时间内通过总流过流断面的流体动能总和。由于断面流速分布很难确定,一般利用积分中值定理,引入修正系数,用断面平均流速 v 进行计算。

$$\rho g\int_A\frac{u^2}{2g}u dA=\rho g\alpha\frac{v^3}{2g}A=\frac{\alpha v^2}{2g}\rho g Q \tag{4-11}$$

式中,α 称为动能修正系数,其值取决于流速剖面的均匀性。对于渐变流,一般取 $\alpha=1.05$～1.10。在工程中,为了计算简便,常取 $\alpha=1$。

$$\alpha=\frac{\int_A\frac{u^3}{2g}\rho g dA}{\int_A\frac{v^3}{2g}\rho g dA}=\frac{\int_A u^3 dA}{v^3 A} \tag{4-12}$$

③ 水头损失积分。$\rho g\int_Q h'_w dQ$ 是总流在过流断面间单位重量流体的机械能损失,可用单位重量流体断面间的平均能量损失 h_w 来计算,h_w 称为总流的水头损失,则

$$\rho g\int_Q h'_w dQ=\rho g h_w Q \tag{4-13}$$

把以上积分结果代入式(4-9),可得

$$\rho g\left(z_1+\frac{p_1}{\rho g}+\frac{\alpha_1 v_1^2}{2g}\right)Q_1=\rho g\left(z_2+\frac{p_2}{\rho g}+\frac{\alpha_2 v_2^2}{2g}\right)Q_2+\rho g h_w Q_2$$

将连续性方程 $Q_1=Q_2=Q$ 代入上式，等式两边同除以 ρgQ，得到实际流体总流的伯努利方程为：

$$z_1+\frac{p_1}{\rho g}+\frac{\alpha_1 v_1^2}{2g}=z_2+\frac{p_2}{\rho g}+\frac{\alpha_2 v_2^2}{2g}+h_w \tag{4-14}$$

总流伯努利方程的适用条件有：

① 质量力只有重力；

② ρ 为常数；

③ 恒定流；

④ 过流断面为渐变流或均匀流；

⑤ 过流断面之间没有能量的输入或输出；

⑥ 过流断面之间没有质量的输入或输出。

4.3.2 总流伯努利方程的物理及几何意义

总流伯努利方程在总流过流断面上所取计算点处的物理及几何意义为：

z——单位重量流体的位能，位置高度或高度水头；

$\frac{p}{\rho g}$——单位重量流体的压能，测压管高度或压强水头；

$z+\frac{p}{\rho g}$——单位重量流体的总势能，测压管水头；

$\frac{\alpha v^2}{2g}$——单位重量流体的平均动能，平均流速水头；

$z+\frac{p}{\rho g}+\frac{\alpha v^2}{2g}$——单位重量流体的平均机械能；

h_w——单位重量流体的平均机械能损失，水头损失。

4.3.3 水头线

总流伯努利方程中的各项都具有长度的量纲，可以用几何线段来表示，从而使沿程能量转化的情况形象地反映出来。水头线就是总流能量沿程变化的几何图示，如图 4-2 所示。

取一水平面 0—0 为基准面，过沿程各点作垂直于基准面的垂线。

高度 $H_p=z+\frac{p}{\rho g}$ 的点连接成的曲线称为测压管水头线，高度 $H=z+\frac{p}{\rho g}+\frac{\alpha v^2}{2g}$ 的点连成的曲线称为总水头。总水头线与测压管水头线的差等于流速水头。

由于实际流体在流动中机械能沿程减小，因此实际流体的总水头线总是沿程降低的。而测压管水头线却并不一定是下降的，它有可能下降，也有可能上升，这取决于能量的转化关系。

因为有水头损失，实际流体的总水头线是下降的，为了度量总水头线沿程下降的快慢程度，引入水力坡度。水力坡度表示单位重量的流体在单位流程上的能量损失，用 J 表示。

$$J=-\frac{\mathrm{d}H}{\mathrm{d}L}=\frac{\mathrm{d}h_w}{\mathrm{d}L} \tag{4-15}$$

式(4-15)中，负号是为了保证水力坡度为正值。

测压管坡度 J_p 表示测压管水头线沿程的变化率，它是单位重量的流体在单位流程上的势能减少量。

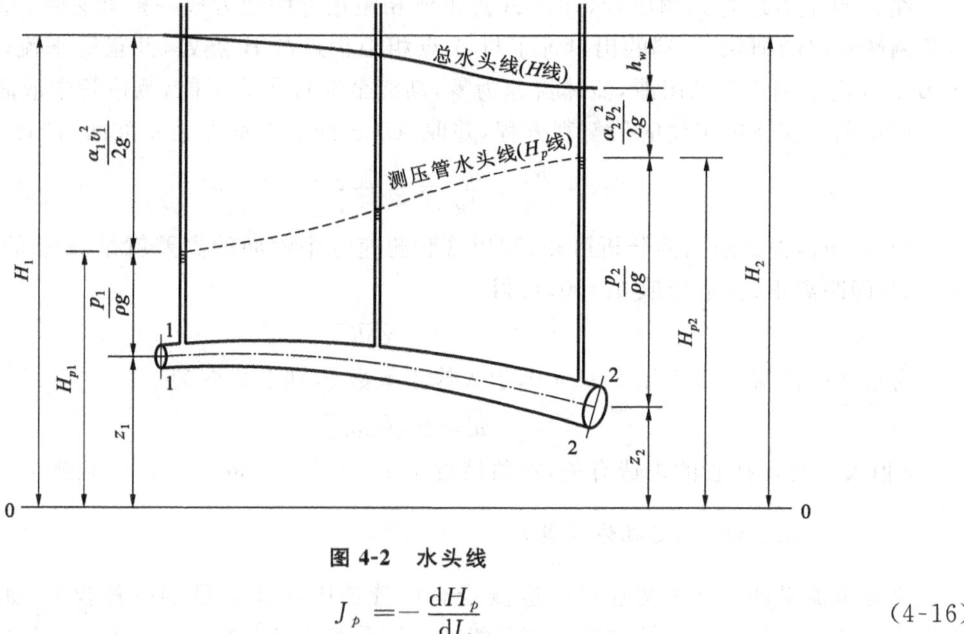

图 4-2　水头线

$$J_p = -\frac{\mathrm{d}H_p}{\mathrm{d}L} \tag{4-16}$$

测压管坡度不全是正值，当测压管水头线下降时，J_p 为正值，反之为负值。

水头线绘制步骤如下：

① 先绘制总水头线，按 1—1 断面的总水头 H_1 定出总水头线的起始高度。

② 计算各管段的沿程水头损失和局部水头损失，自 1—1 断面的总水头线，沿程依次减去各项水头损失，便得到总水头线。

③ 由总水头线向下减去各管段的速度水头，可得测压管水头线。在等直径管段，速度水头不变，测压管水头线与总水头线平行。

4.3.4　测量仪器

1. 皮托管(测量点流速)

将测速管和测压管组合成测量点流速的仪器，称为皮托管。用毕托管可以直接测量速度水头，现以均匀管流为例，测量过流断面上某点 A 的流速(图 4-3)。

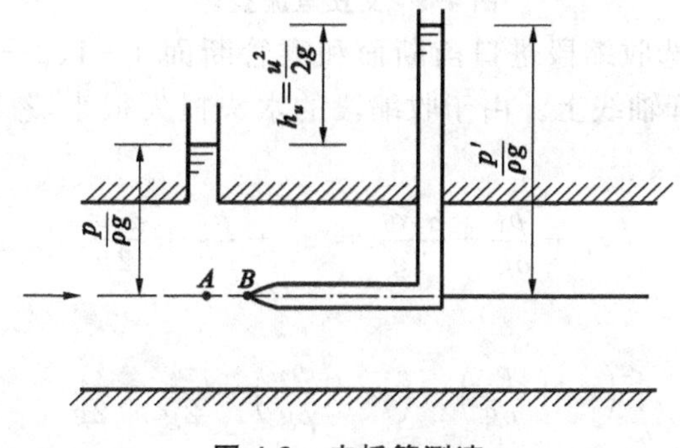

图 4-3　皮托管测速

在 A 点上方放置一测压管，并在 A 点下游相距很近的地方放一根测速管。测速管是弯成直角两端开口的细管，一端的出口置于与 A 点相距很近的 B 点处，并正对来流，另一端向上。在 B 点处由于测速管的阻滞，流体流速为零，动能全部转化为压能，测速管中液面升高。

应用黏性流体恒定流的伯努利方程，并取 AB 连线的平面作为基准面，则有

$$z_A + \frac{p_A}{\rho g} + \frac{u_A^2}{2g} = z_B + \frac{p_B}{\rho g} + 0 + h'_w$$

令 $u=u_A$，根据前面的分析可知，测压管和测速管中液面的高差就是 A 点的流速水头，由于 A、B 间距离很近，近似取 $h'_w=0$，可得

$$u = \sqrt{2gh_u}$$

考虑实际测流的水头损失 $h'_w \neq 0$，引入修正系数 c，则上式变为

$$u = c\sqrt{2gh_u}$$

c 值大小与皮托管的构造有关，数值接近于 1，一般为 0.98～1，由实验测定。

2. 文丘里流量计(测定流体流量)

文丘里流量计是利用文丘里效应测量有压管道中液体流量的一种仪器，如图 4-4 所示。它由光滑的收缩管、喉管、扩散管三部分组成。测量管中流量时，把流量计接入被测段，在管段和喉管处分别安装一根测压管。假设流体恒定，读得测压管高差为 Δh（或水银计的高差为 h_p），运用总流伯努利方程可测得管中流量。

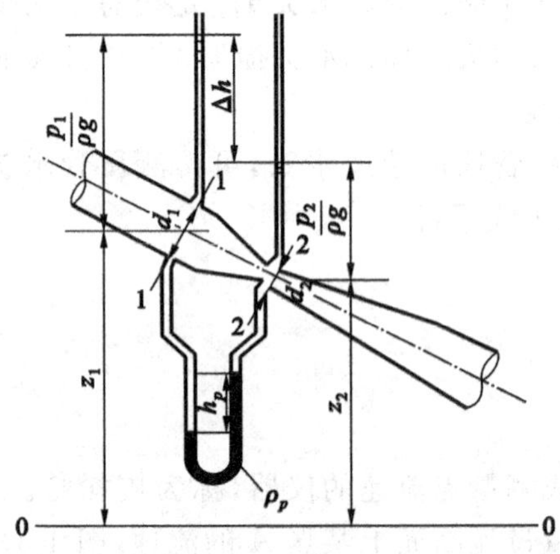

图 4-4　文丘里流量计

选水平基准面 0—0，选收缩段进口前断面和喉管断面 1—1、2—2 为计算断面，两者均为渐变流断面，计算点取在管轴线上。由于收缩段的水头损失很小，忽略不计，取动能修正系数 $\alpha_1=\alpha_2=1$，列伯努利方程：

$$z_1 + \frac{p_1}{\rho g} + \frac{\alpha_1 v_1^2}{2g} = z_2 + \frac{p_2}{\rho g} + \frac{\alpha_2 v_2^2}{2g}$$

变形有

$$\left(z_1 + \frac{p_1}{\rho g}\right) - \left(z_2 + \frac{p_2}{\rho g}\right) = \frac{v_2^2}{2g} - \frac{v_1^2}{2g}$$

即

$$\Delta h = \frac{v_2^2 - v_1^2}{2g}$$

由连续性方程可知

$$v_1 A_1 = v_2 A_2$$

得

$$v_2 = v_1 \left(\frac{d_1}{d_2}\right)^2$$

代入前式，得

$$v_1 = \sqrt{\frac{2g\Delta h}{\left(\frac{d_1}{d_2}\right)^4 - 1}}$$

故流量为：

$$Q = A_1 v_1 = \frac{\pi d_1^2}{4} \sqrt{\frac{2g\Delta h}{\left(\frac{d_1}{d_2}\right)^4 - 1}}$$

令 $K=\frac{\pi d_1^2}{4}\sqrt{\frac{2g}{\left(\frac{d_1}{d_2}\right)^4-1}}$，$K$ 是由流量计结构尺寸 d_1、d_2 决定的常数，称为仪器常数。再考虑两断面之间有水头损失，乘以流量计流量因数 μ（实验室测定），则文丘里流量计测流公式为

$$Q = \mu K \sqrt{\Delta h}$$

或

$$Q = \mu K \sqrt{12.6 h_p}$$

【例 4-1】 在一管路（图 4-5）上测得过流断面 1—1 的测压管高度为 1.5 m，过流断面面积 A_1 为 0.05 m²，2—2 断面的过水断面面积 A_2 为 0.02 m²，两断面间水头损失 $h_w=0.5\frac{v_1^2}{2g}$，流量 Q=20 L/s。试求 2—2 断面的测压管高度。已知 z_1 为 2.5 m，z_2 为 1.6 m。

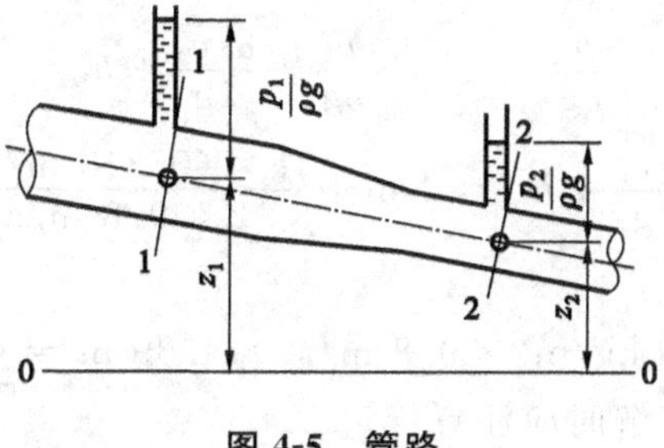

图 4-5 管路

【解】 由连续性方程可知：

$$v_1 = \frac{Q}{A_1} = \frac{0.02 \text{ m}^3/\text{s}}{0.05 \text{ m}^2} = 0.4 \text{ m/s}$$

$$v_2 = \frac{Q}{A_2} = \frac{0.02 \text{ m}^3/\text{s}}{0.02 \text{ m}^2} = 1 \text{ m/s}$$

选取 0—0 作为基准面，列 1—1 断面和 2—2 断面间的伯努利方程：

$$z_1+\frac{p_1}{\rho g}+\frac{\alpha_1 v_1^2}{2g}=z_2+\frac{p_2}{\rho g}+\frac{\alpha_2 v_2^2}{2g}+h_w$$

则 2—2 断面的测压管高度为：

$$\frac{p_2}{\rho g}=\left(z_1+\frac{p_1}{\rho g}+\frac{\alpha_1 v_1^2}{2g}\right)-\left(z_2+\frac{\alpha_2 v_2^2}{2g}+h_w\right)$$

$$=\left[2.5\ \text{m}+1.5\ \text{m}+\frac{1\times(0.4\ \text{m/s})^2}{2\times 9.8\ \text{m/s}^2}\right]-\left[1.6\ \text{m}+\frac{1\times(1\ \text{m/s})^2}{2\times 9.8\ \text{m/s}^2}+\frac{0.5\times(0.4\ \text{m/s})^2}{2\times 9.8\ \text{m/s}^2}\right]$$

$$=2.36\ \text{m}$$

【例 4-2】 如图 4-6 所示，离心泵从吸水池中抽水。已知抽水量 $Q=6.5\times10^3\ \text{m}^3/\text{s}$，泵的安装高度 $H_s=4$ m，吸水管直径 $d=100$ mm，吸水管的水头损失 $H_w=0.35\ \text{mH}_2\text{O}$。试求水泵进口断面 2—2 的真空度。

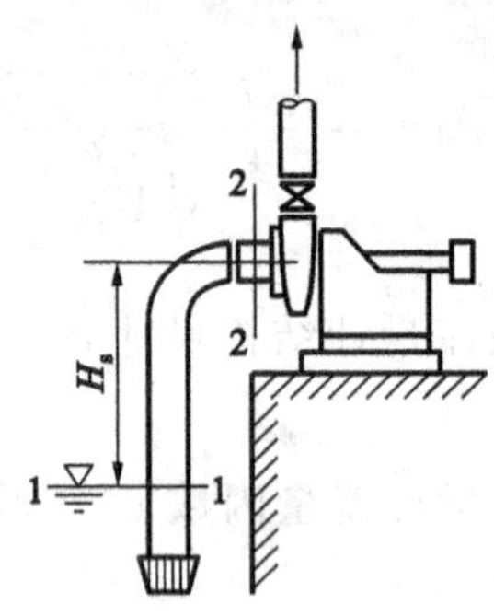

图 4-6 离心泵

【解】 选基准面 0—0 与吸水池水面重合，吸水池水面为 1—1 断面，水泵进口断面为2—2 断面。以吸水池水泵进口断面的轴心为计算点，则有：

$$z_1=0,\quad p_1=p_a(\text{绝对压强}),\quad v_1\approx 0,\quad z_2=H_s$$

$$v_2=\frac{Q}{A}=\frac{Q}{\frac{\pi d^2}{4}}=\frac{6.5\times10^3\ \text{m}^3/\text{s}}{\frac{3.14\times(0.1\ \text{m})^2}{4}}=0.815\ \text{m/s}$$

代入总流伯努利方程，得

$$\frac{p_a}{\rho g}=H_s+\frac{p_2}{\rho g}+\frac{\alpha_2 v_2^2}{2g}+h_w$$

$$\frac{p_v}{\rho g}=\frac{p_a-p_2}{\rho g}=H_s+\frac{\alpha_2 v_2^2}{2g}+h_w=4\ \text{m}+\frac{1\times(0.815\ \text{m/s})^2}{2\times 9.8\ \text{m/s}^2}+0.35\ \text{m}=4.39\ \text{m}$$

则

$$p_v=1000\ \text{kg/m}^3\times 9.8\ \text{m/s}^2\times 4.39\ \text{m}=43.02\ \text{kPa}$$

在应用伯努利方程进行求解时应注意：

① 过流断面须在渐变流或均匀流区域，尽可能使所取断面有较多的已知量；

② 压强可用相对压强或绝对压强，但必须统一。

4.3.5 总流伯努利方程的扩展

总流伯努利方程有其适用范围，因此要重视方程的应用条件，对实际问题做具体分析，灵活运用。

1. 沿程有质量输入或输出

(1) 质量输入

对于两断面间有汇流的情况，如图 4-7 所示，当两股流体交汇时，除引起水头损失外，还会引起流股之间的能量交换，高能量的流股会向低能量的流股传递部分能量，即在汇流情况下，对每一股流体而言，存在能量输入或输出的情况。当流股之间的交换能量达到不能忽略的程度时，式(4-14)就不再适用，但满足总流的能量守恒，即单位时间内流过计算断面的全部重量流体的能量应保持守恒，则有

$$\rho g Q_1\left(z_1+\frac{p_1}{\rho g}+\frac{\alpha_1 v_1^2}{2g}\right)+\rho g Q_2\left(z_2+\frac{p_2}{\rho g}+\frac{\alpha_2 v_2^2}{2g}\right)$$
$$=\rho g Q_3\left(z_3+\frac{p_3}{\rho g}+\frac{\alpha_3 v_3^2}{2g}\right)+\rho g Q_1 h_{w1-3}+\rho g Q_2 h_{w2-3} \tag{4-17}$$

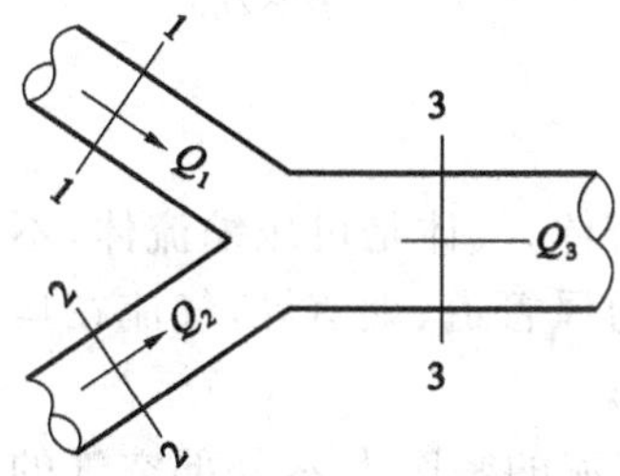

图 4-7 汇流

(2) 质量输出

对于两断面间有分流的情况，如图 4-8 所示，1—1 断面可以看成是两股独立的流体运动，分别通过 2—2 断面、3—3 断面，那么 1—1 断面与 2—2 断面间仍然适用伯努利方程，即：

$$z_1+\frac{p_1}{\rho g}+\frac{\alpha_1 v_1^2}{2g}=z_2+\frac{p_2}{\rho g}+\frac{\alpha_2 v_2^2}{2g}+h_{w1-2} \tag{4-18}$$

同理，1—1 断面与 3—3 断面间列伯努利方程：

$$z_1+\frac{p_1}{\rho g}+\frac{\alpha_1 v_1^2}{2g}=z_3+\frac{p_3}{\rho g}+\frac{\alpha_3 v_3^2}{2g}+h_{w1-3} \tag{4-19}$$

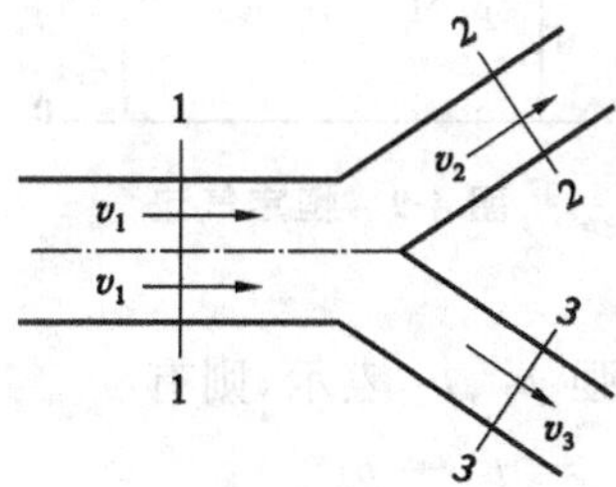

图 4-8 分流

2. 沿程有能量输入或输出

工程中经常有在管路中设有水泵或水轮机等水力机械的情况，沿程存在能量的输入或输出，这时应对伯努利方程进行修正。当管路中装有水泵时，流体流经水泵输入机械能，根据能量守恒方程应增加能量的输入；当管路中装有水轮机时，流体流经水轮机输出能量，应在能量

方程中减去输出的能量。设单位重量流体的能量输出或输入为 H_t，则断面之间有能量输入或输出时的伯努利方程为：

$$z_1+\frac{p_1}{\rho g}+\frac{\alpha_1 v_1^2}{2g}\pm H_t=z_2+\frac{p_2}{\rho g}+\frac{\alpha_2 v_2^2}{2g}+h_{w1-2} \tag{4-20}$$

式中，管路中有能量输入时取正号，有能量输出时取负号。

公式中 H_t 的单位是长度单位，一般为水力机械的功率 N。另外，任何机械都有一定的能量损耗，水力机械的效率用 η 表示。设水泵的提水高程(扬程)为 H_t(单位：m)，带动水泵的电机功率为 N_p，水泵机组的效率为 η_p，则

$$\eta_p N_p=\rho g Q H_t \quad 或 \quad H_t=\frac{\eta_p N_p}{\rho g Q} \tag{4-21}$$

若水电站发电机机组的功率是 N_g，水轮机和发电机的总效率为 η_g，则

$$H_t=\frac{N_g}{\rho g Q \eta_g} \tag{4-22}$$

3. 气流伯努利方程

伯努利方程应用于不可压缩流体，气体是可压缩流体，不能直接运用。但是对流速不是很大、压强变化不大的流体，如工业通风管道、烟道等，气流在运动过程中密度的变化很小。在这样的条件下，伯努利方程仍可适用。

如图 4-9 所示，设恒定气流，气流的密度为 ρ，外部空气的密度为 ρ_a，过流断面上计算点的绝对压强为 p_{1abs}、p_{2abs}，列 1—1 断面与 2—2 断面的伯努利方程：

$$z_1+\frac{p_{1abs}}{\rho g}+\frac{\alpha_1 v_1^2}{2g}=z_2+\frac{p_{2abs}}{\rho g}+\frac{\alpha_2 v_2^2}{2g}+h_w \quad (\alpha_1=\alpha_2=1)$$

通常把上式表示为压强的形式，即

$$\rho g z_1+p_{1abs}+\frac{\rho v_1^2}{2}=\rho g z_2+p_{2abs}+\frac{\rho v_2^2}{2}+p_w \tag{4-23}$$

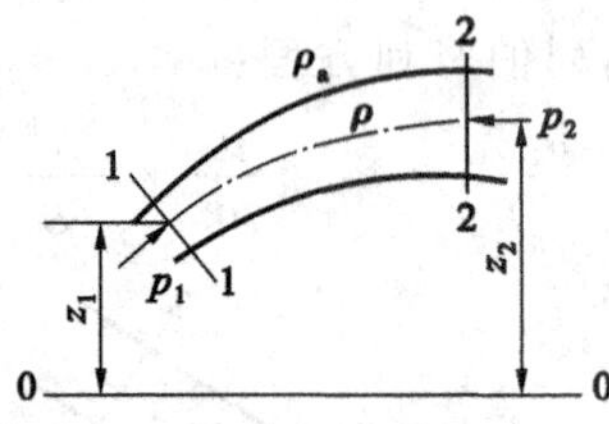

图 4-9　恒定气流

式中　p_w——压强损失，$p_w=\rho g h_w$。

将式(4-23)中的压强用相对压强 p_1、p_2 表示，则有

$$p_{1abs}=p_1+p_a$$

$$p_{2abs}=p_2+p_a-\rho_a g(z_2-z_1)$$

式中　p_a——高程 z_1 处的大气压；

$p_a-\rho_a g(z_2-z_1)$——高程 z_2 处的大气压。

代入式(4-23)，整理得

$$p_1+\frac{\rho v_1^2}{2}+(\rho_a-\rho)g(z_2-z_1)=p_2+\frac{\rho v_2^2}{2}+p_w \tag{4-24}$$

式中 p_1,p_2——静压；

$\frac{\rho v_1^2}{2},\frac{\rho v_2^2}{2}$——动压；

$(\rho_a-\rho)g$——单位体积气体所受的有效浮力；

z_2-z_1——气体沿浮力方向升高的距离；

$(\rho_a-\rho)g(z_2-z_1)$——1—1 断面相对于 2—2 断面单位体积气体的位能，称为位压。

式(4-24)就是以相对压强计算的气流伯努利方程。

当气流的密度和外界空气的密度相同($\rho=\rho_a$)，或两计算点的高度相同($z_1=z_2$)时，位压项为零，式(4-24)简化为：

$$p_1+\frac{\rho v_1^2}{2}=p_2+\frac{\rho v_2^2}{2}+p_w \tag{4-25}$$

当气流的密度远大于外界空气的密度时，相当于液体总流，式(4-24)中 ρ_a 可忽略不计，认为各点的当地大气压相同，式(4-24)化简为：

$$z_1+\frac{p_1}{\rho g}+\frac{v_1^2}{2g}=z_2+\frac{p_2}{\rho g}+\frac{v_2^2}{2g}+h_w$$

对于液体总流来说，压强 p_1、p_2 无论是绝对压强还是相对压强，伯努利方程的形式不变(但两边选用的压强形式必须统一)。

【例 4-3】 如图 4-10 所示的抽水机，功率 $N=14.7$ kW，效率 $\eta=70\%$，需将密度 $\rho_0=800$ kg/m³的油从油库送入密闭油箱。已知管道直径 $d=150$ mm，油的流量为 0.14 m³/s，抽水机进口 B 处压力表指示为 −2.5 m 水柱。假定从抽水机至油箱的水头损失 $h=2.0$ m 油柱，此时 A 点的压强为多少？

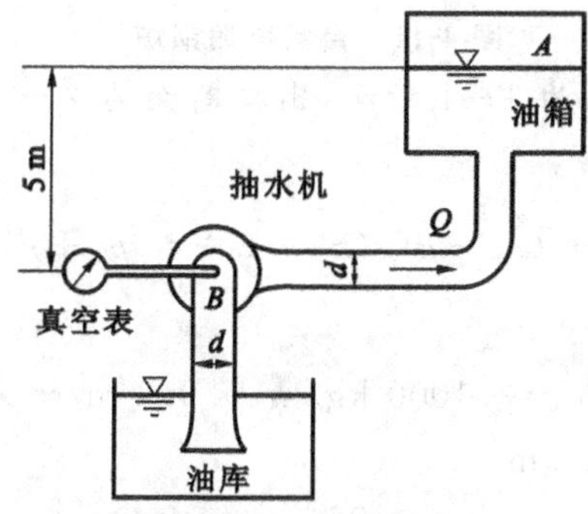

图 4-10 抽水机

【解】 分别取通过点 A 和点 B 的两个断面，写出两断面之间具有能量输入的能量方程：

$$z_B+\frac{p_B}{\rho_0 g}+\frac{v_B^2}{2g}+H_t=z_A+\frac{p_A}{\rho_0 g}+\frac{v_A^2}{2g}+h_{wB-A}$$

其中，H_t 为单位重量的油通过抽水机后增加的能量，由水泵轴功率计算公式

$$N=\frac{\rho g Q H_t}{\eta}$$

得

$$H_t=\frac{\eta N}{\rho_0 g Q}=\frac{0.70\times 14.7\times 10^3\ \mathrm{W}}{800\ \mathrm{kg/m^3}\times 9.8\ \mathrm{m/s^2}\times 0.14\ \mathrm{m^3/s}}=9.375\ \mathrm{m}\ 油柱$$

由连续性得

$$v_B = \frac{Q}{\frac{\pi}{4}d^2} = \frac{0.14\ \text{m}^3/\text{s}}{\frac{3.14}{4}\times(0.15\ \text{m})^2} = 7.922\ \text{m/s}$$

$$\frac{v_B^2}{2g} = \frac{(7.922\ \text{m/s})^2}{2\times 9.8\ \text{m/s}^2} = 3.202\ \text{m(油柱)}$$

故

$$\frac{p_A}{\rho_0 g} = \left(z_B + \frac{p_B}{\rho_0 g} + \frac{v_B^2}{2g} + H_t\right) - \left(z_A + \frac{v_A^2}{2g} + h_{wB-A}\right)$$
$$= \left(0 + \frac{-2.5\ \text{m}}{0.8} + 3.202\ \text{m} + 9.375\ \text{m}\right) - (5\ \text{m} + 0 + 2.0\ \text{m}) = 2.452\ \text{m(油柱)}$$

所以 A 点的压强为：

$$p_A = 2.452\ \text{m}\times 9.8\ \text{m/s}^2\times 800\ \text{kg/m}^3 = 19.22\times 10^3\ \text{Pa}$$

【例 4-4】 如图 4-11 所示的自然排烟锅炉，烟囱直径 $d=1$ m，烟气流量 $Q=7.135\ \text{m}^3/\text{s}$，烟气密度 $\rho=0.7\ \text{kg/m}^3$，外部空气密度 $\rho_a=1.2\ \text{kg/m}^3$，烟囱的压强损失 $p_w=0.035\ \frac{H}{d}\frac{\rho v^2}{2}$。为使烟囱底部入口断面的真空高度不小于 10 mm 水柱，试求烟囱的高度 H。

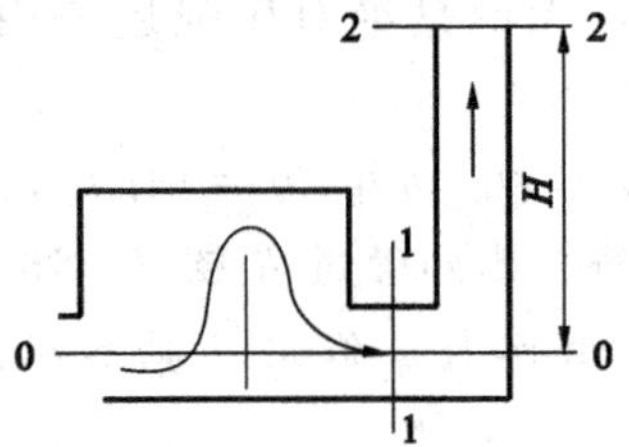

图 4-11 自然排烟锅炉

【解】 选烟囱底部入口断面为 1—1 断面，出口断面为 2—2 断面。因烟气和外部空气的密度不同，根据式(4-24)得：

$$p_1 + \frac{\rho v_1^2}{2} + (\rho_a - \rho)g(z_2 - z_1) = p_2 + \frac{\rho v_2^2}{2} + p_w$$

其中，1—1 断面有：

$$p_1 = -\rho_0 gh = -1000\ \text{kg/m}^3\times 9.8\ \text{m/s}^2\times 0.01\ \text{m}$$
$$= -98\ \text{N/m}^2$$

$$v_1\approx 0,\quad z_1 = 0$$

2—2 断面有：

$$p_2 = 0,\quad v_2 = \frac{Q}{A} = \frac{Q}{\frac{\pi d^2}{4}} = \frac{7.135\ \text{m}^3/\text{s}}{\frac{3.14\times(1\ \text{m})^2}{4}} = 9.089\ \text{m/s},\quad z_2 = H$$

代入上式，有

$$-98\ \text{N/m}^2 + 9.8\ \text{m/s}^2\times(1.2\ \text{kg/m}^3 - 0.7\ \text{kg/m}^3)H$$
$$= 0.7\ \text{kg/m}^3\times\frac{(9.089\ \text{m/s})^2}{2} + 0.035\times\frac{H}{1\ \text{m}}\times\frac{0.7\ \text{kg/m}^3\times(9.089\ \text{m/s})^2}{2}$$

得 $H=32.63$ m，即烟囱的高度必须大于此值。

由此例可知，自然排烟锅炉底部压强为负，顶部出口压强 $p_2=0$，且 $z_1<z_2$，在这种情况下，位压 $(\rho_a-\rho)g(z_2-z_1)$ 提供了烟气在烟囱内向上流动的能量。

4.4 恒定总流的动量方程

工程实践中往往需要计算运动流体与固体边壁相互间的作用力，而伯努利方程和连续性方程都没有反映流体与边界上作用力之间的关系。当要求分析流体对边界上的作用力而不要求计算流场的流速和压强分布时，求解复杂的 N-S 方程也没有必要了。而不可压缩流体的动量方程与能量方程等价，恒定总流动量方程反映了流体动量变化与作用力之间的关系，满足工程应用的需求。

4.4.1 推导

利用质点系动量定律来推导恒定流的动量方程。

根据质点系动量定律，质点系的动量对时间的变化率等于作用于该质点系的所有外力矢量之和，即：

$$\sum \boldsymbol{F} = \frac{K_2 - K_1}{\mathrm{d}t} = \frac{\mathrm{d}\boldsymbol{K}}{\mathrm{d}t} = \frac{\mathrm{d}\left(\sum m\boldsymbol{u}\right)}{\mathrm{d}t} \tag{4-26}$$

如图 4-12 所示，设流动恒定，取过流断面 1—1、断面 2—2 为渐变流断面，面积分别为 A_1、A_2，以过流断面及总流的侧表面围成的空间为控制体。经 $\mathrm{d}t$ 时段后，控制体中的流体运动到新的位置 1′—1′、2′—2′。

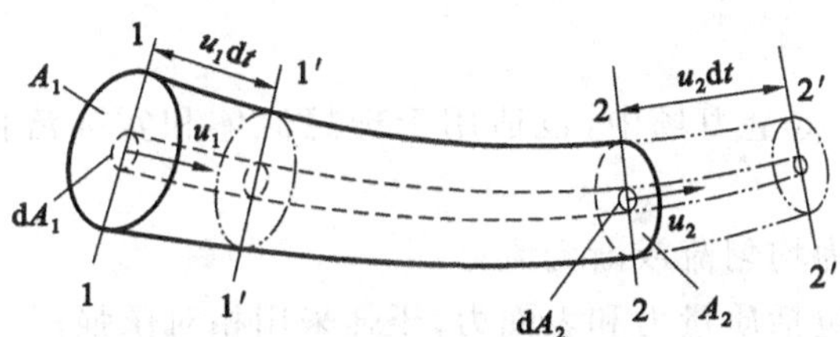

图 4-12 恒定总流动量方程推导

在控制体内，任取元流 1—2，断面面积 $\mathrm{d}A_1$、$\mathrm{d}A_2$，点流速为 $\boldsymbol{u}_1$ 和 $\boldsymbol{u}_2$。在 $\mathrm{d}t$ 时段内元流动量的增量为：

$$\mathrm{d}\boldsymbol{K} = \boldsymbol{K}_{1'-2'} - \boldsymbol{K}_{1-2} = (\boldsymbol{K}_{1'-2} + \boldsymbol{K}_{2-2'})_{t+\mathrm{d}t} - (\boldsymbol{K}_{1-1'} + \boldsymbol{K}_{1'-2})_{t}$$

因为是恒定流，$\mathrm{d}t$ 前后 $\boldsymbol{K}_{1'-2}$ 无变化，则有：

$$\mathrm{d}\boldsymbol{K} = \boldsymbol{K}_{2-2'} - \boldsymbol{K}_{1-1'} = \rho_2 u_2 \mathrm{d}t\mathrm{d}A_2 \boldsymbol{u}_2 - \rho_1 u_1 \mathrm{d}t\mathrm{d}A_1 \boldsymbol{u}_1$$

总流段 1—1′和总流段 2—2′的动量可写成：

$$K_1 = \mathrm{d}t\int_{A_1} u_1 \mathrm{d}Q_m,\quad K_2 = \mathrm{d}t\int_{A_2} u_2 \mathrm{d}Q_m$$

将上式代入式(4-26)，得：

$$\int_{A_2} u_2 \mathrm{d}Q_m - \int_{A_1} u_1 \mathrm{d}Q_m = \sum \boldsymbol{F} \tag{4-27}$$

对于不可压缩流体，有 $\rho_1 = \rho_2 = \rho$。引入动量修正系数 β(为修正以断面平均流速计算的动量与实际动量的差值而引入的修正系数)，且有：

$$\beta = \frac{\int_A u^2 \mathrm{d}A}{v^2 A} \tag{4-28}$$

以断面平均流速 v 代替点流速 u，利用恒定流 $dQ_m=\rho u dA$ 和 $Q_m=\rho vA$ 沿程不变的性质，得恒定总流的动量方程：

$$\sum \boldsymbol{F}=\rho Q(\beta_2 \boldsymbol{v}_2-\beta_1 \boldsymbol{v}_1) \tag{4-29}$$

用分量表示为：

$$\begin{cases}\sum F_x=\rho Q(\beta_2 v_{2x}-\beta_1 v_{1x})\\ \sum F_y=\rho Q(\beta_2 v_{2y}-\beta_1 v_{1y})\\ \sum F_z=\rho Q(\beta_2 v_{2z}-\beta_1 v_{1z})\end{cases}$$

以上方程表明，作用于控制体内流体上的质量力与表面力的合力，等于两控制断面间流出动量与流入动量之差。

β 值取决于过流断面上的流速分布，对于速度分布较均匀的流体，$\beta=1.01\sim1.05$，实际计算取 $\beta=1.0$。

若流进或流出控制体的控制断面不止一个，则方程应修正为：

$$\sum(\rho Q\beta \boldsymbol{v})_{流出}-\sum(\rho Q\beta \boldsymbol{v})_{流进}=\sum \boldsymbol{F} \tag{4-30}$$

式中 $\sum(\rho Q\beta \boldsymbol{v})_{流出}$——各控制断面上单位时间内流出控制体的动量的矢量和；

$\sum(\rho Q\beta \boldsymbol{v})_{流进}$——各控制断面上单位时间内流进控制体的动量的矢量和。

4.4.2 应用

式(4-29)适用于任何质量力场中，也适用于理想流体和实际流体，但应用时要注意以下几点：

① 控制过流断面应为均匀流或渐变流；

② 总流段所受合力包括质量力和表面力，压强采用相对压强；

③ 合理选择坐标轴可简化计算。

总流动量方程的应用步骤为：

① 合理选择控制体；

② 合理选定坐标系的方向；

③ 画出计算简图，分析控制体的受力情况，对于待求力，方向可任意设定；

④ 求解，必要时可与伯努利方程、连续性方程联立。

【例 4-5】 水平放置的输水弯管如图 4-13 所示，转角 $\varphi=60°$，内径 $d_1=1$ m，$d_2=0.75$ m，输水流量 $Q=1.57\ m^3/s$，弯管进口断面压强 $p_1=5.05\times10^4$ Pa，忽略水头损失。试求水流作用在弯管上的水平推力。

【解】 由连续性方程 $Q_1=Q_2=Q$，得

$$v_1=\frac{4Q}{\pi d_1^2}=\frac{4\times1.57\ m^3/s}{3.14\times(1\ m)^2}=2\ m/s$$

$$v_2=\frac{4Q}{\pi d_2^2}=\frac{4\times1.57\ m^3/s}{3.14\times(0.75\ m)^2}=3.56\ m/s$$

因弯管平置，选管轴线所在平面为基准面，计算断面分别选在弯管进、出口，即断面 1—1、断面 2—2，计算点取在管轴线上。取 $\alpha_1=\alpha_2=1$，列断面 1—1 至断面 2—2 的总流伯努利方程：

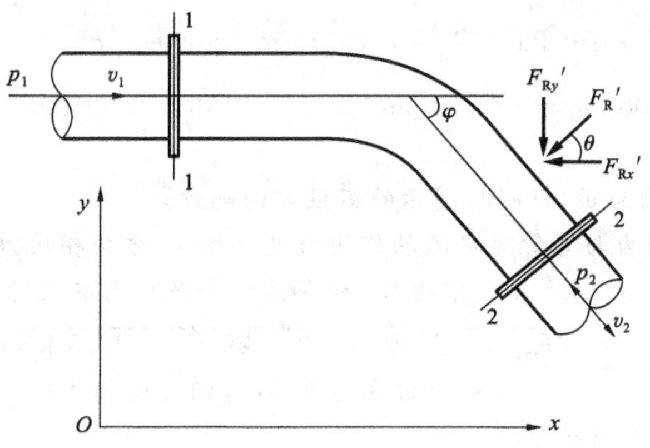

图 4-13 输水弯管

$$\frac{p_1}{\rho g}+\frac{v_1^2}{2g}=\frac{p_2}{\rho g}+\frac{v_2^2}{2g}$$

即

$$\frac{5.05\times10^4\ \mathrm{Pa}}{1000\ \mathrm{kg/m^3}\times9.8\ \mathrm{m/s^2}}+\frac{(2\ \mathrm{m/s})^2}{2\times9.8\ \mathrm{m/s^2}}=\frac{p_2}{1000\ \mathrm{kg/m^3}\times9.8\ \mathrm{m/s^2}}+\frac{(3.56\ \mathrm{m/s})^2}{2\times9.8\ \mathrm{m/s^2}}$$

解得 $p_2=4.616\times10^4$ Pa。

(1) 取控制体

取弯管进口过流断面 1—1 与出口过流断面 2—2 及管壁所围成的空间为控制体。

(2) 选坐标系

选直角坐标系 xOy,如图 4-13 所示。

(3) 对控制体进行受力分析

设弯管对水流的水平作用力为力 F'_{Rx}、F'_{Ry},假定其方向分别与 Ox、Oy 方向相反,则控制体所受合力 F_x 与 F_y 分别为:

$$F_x=p_1\frac{\pi}{4}d_1^2-p_2\frac{\pi}{4}d_2^2\cos\varphi-F'_{Rx}$$

$$F_y=p_2\frac{\pi}{4}d_2^2\sin\varphi-F'_{Ry}$$

(4) 取 $\beta_1=\beta_2=1$,列动量方程求 F'_{Rx}及 F'_{Ry}

x 方向:

$$p_1\frac{\pi}{4}d_1^2-p_2\frac{\pi}{4}d_2^2\cos\varphi-F'_{Rx}=\rho Q(v_2\cos\varphi-v_1) \tag{a}$$

y 方向:

$$p_2\frac{\pi}{4}d_2^2\sin\varphi-F'_{Ry}=\rho Q(-v_2\sin\varphi-0) \tag{b}$$

将已知条件代入式(a),有

$$5.05\times10^4\ \mathrm{Pa}\times\frac{3.14}{4}\times(1\ \mathrm{m})^2-4.616\times10^4\ \mathrm{Pa}\times\frac{3.14}{4}\times(0.75\ \mathrm{m})^2\cos60^\circ-F'_{Rx}$$

$$=1000\ \mathrm{kg/m^3}\times1.57\ \mathrm{m^3/s}\times(3.56\ \mathrm{m/s}\times\cos60^\circ-2\ \mathrm{m/s})$$

解得 $F'_{Rx}=29.8$ kN。

将已知条件代入式(b),有

$$4.616\times10^4\ \text{Pa}\times\frac{3.14}{4}\times(0.75\ \text{m})^2\sin60°-F'_{Ry}$$
$$=1000\ \text{kg/m}^3\times1.57\ \text{m}^3/\text{s}\times(-3.56\ \text{m/s}\times\sin60°-0)$$

解得 $F'_{Ry}=22.5\ \text{kN}$。

F'_{Rx}、F'_{Ry}计算结果均为正,说明与图示的假设方向一致。

水流对弯管的作用力与弯管对水流的作用力大小相等,方向相反,即 $F_{Rx}=29.8\ \text{kN}$(方向与 Ox 轴方向一致),$F_{Ry}=22.5\ \text{kN}$(方向与 Oy 轴方向一致),则水流对弯管的合力为:

$$F_y=\sqrt{F_{Rx}^2+F_{Ry}^2}=\sqrt{(29.8\ \text{kN})^2+(22.5\ \text{kN})^2}$$
$$=37.3\ \text{kN}\quad(\text{方向与图示}\ F'_R\ \text{的方向相反})$$

合力与 Ox 轴间的夹角 θ 为:

$$\theta=\arctan\frac{F_{Ry}}{F_{Rx}}=\arctan\frac{22.5\ \text{kN}}{29.8\ \text{kN}}=37.1°$$

独立思考

4-1　为什么会发生船吸现象？怎样才能避免船吸现象？

4-2　龙卷风是如何产生的？有哪些破坏作用？

4-3　汽车的扰流板和飞机机翼的作用是否相同？其力学原理是否相同？

4-4　什么是虹吸现象？虹吸现象在生活中有哪些应用？

4-5　气流能量方程与液流能量方程有什么异同？

4-6　平行提两张薄纸在手中，距离较近时，若用嘴对着纸间缝隙吹气，薄纸会如何运动？为什么？

4-7　为什么要引入动量修正系数？

4-8　应用恒定总流动量方程时，为什么不必考虑水头损失？

习　题

4-1　在(　　)流动中，伯努利方程不成立。

A. 恒定　　B. 理想流体　　C. 不可压缩　　D. 可压缩

4-2　实际流体水力坡度的取值范围，下列正确的是(　　)。

A. $J \geqslant 0$　　B. $J > 0$　　C. $J = 0$　　D. 三种都有可能

4-3　应用总流能量方程时，两断面之间(　　)。

A. 必须是渐变流　　B. 必须是急变流　　C. 能出现急变流　　D. 可以出现急变流

4-4　实际流体测压管水头线的沿程变化是(　　)。

A. 沿程下降　　B. 沿程上升　　C. 保持水平　　D. 三种情况都有可能

4-5　伯努利方程中 $z+\dfrac{p}{\rho g}+\dfrac{\alpha v^2}{2g}$ 表示(　　)。

A. 单位重量流体具有的机械能　　B. 单位质量流体具有的机械能

C. 单位体积流体具有的机械能　　D. 通过过流断面流体的总机械能

4-6　图 4-4 所示为文丘里流量计，若其进口直径 $d_1 = 100$ mm，喉管直径 $d_2 = 50$ mm，实测测压管水头差 $\Delta h = 0.6$ m(或水银压差计的水银面高差 $h_p = 47.6$ mm)，流量计的流量系数 $\mu = 0.98$。试求管道输水的流量。

4-7　圆管断面流速分布为 $u = u_{\max}\left[1-\left(\dfrac{r}{r_0}\right)^2\right]$，其中 r_0 为圆管半径，r 为离管轴的距离。试求：① 平均流速 v；② 动量修正因数 β；③ 动能修正因数 α。

4-8　如图 4-14 所示，利用皮托管测量管流的断面流速，利用盛密度为 1.53 kg/m^3 的 CCl_4 压差计测得 $h = 500$ mm，管中液流的密度为 0.90 kg/m^3。求测点 A 的速度。

4-9　已知水管直径为 50 mm，末端阀门关闭时，压力表读数为 21 kN/m^2，阀门打开后读数降至 5.5 kN/m^2，如不计水头损失，求通过的流量。

4-10　如图 4-15 所示，有一管路由两根不同直径的管子与一渐变连接管组成(图 4-15)，已知 $d_1 = 200$ mm，$d_2 = 400$ mm，A 点相对压强为 6.86×10^4 Pa，B 点相对压强为 3.92×10^4 Pa，B 点处的断面平均流速 v_B 为 1 m/s，A、B 两点的高差 Δz 为 1.2 m。试判别流动方向，并计算这两断面间的水头损失 h_w。

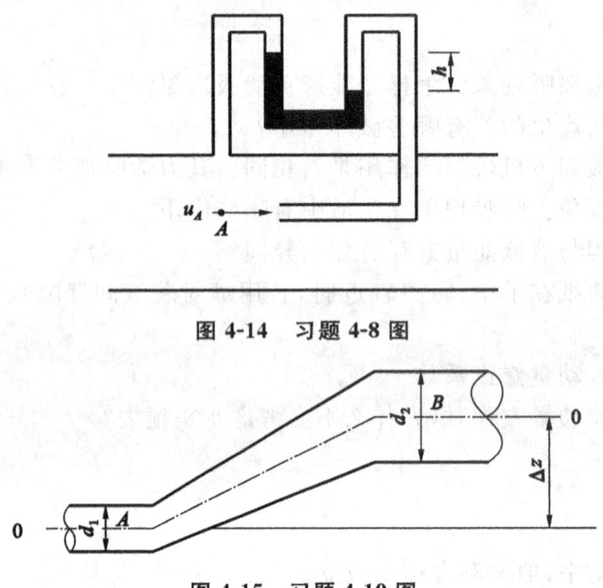

图 4-14 习题 4-8 图

图 4-15 习题 4-10 图

4-11 如图 4-16 所示，计算作用于闸门 AB 上的总压力。闸门为矩形，宽度为 6 m。忽略水头损失。

4-12 如图 4-17 所示，矩形断面的平底渠道的宽度 B 为 2.7 m，渠底在某断面处抬高 0.5 m，该断面上游的水深为 2 m，下游水面降低 0.15 m，如忽略边壁和渠底阻力，试求：① 渠道的流量；② 水流对底坎的冲力。

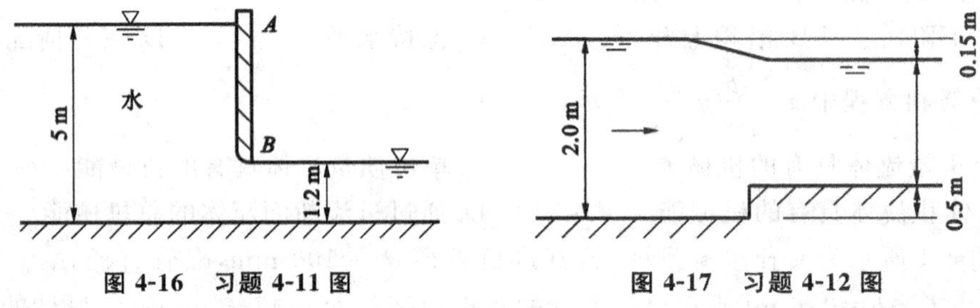

图 4-16 习题 4-11 图　　图 4-17 习题 4-12 图

参考文献

[1] 方达宪，张红亚. 流体力学[M]. 武汉：武汉大学出版社，2013.

[2] 李玉柱，苑明顺. 流体力学[M]. 2 版. 北京：高等教育出版社，2008.

[3] 陈卓如. 工程流体力学[M]. 3 版. 北京：高等教育出版社，2013.

[4] 施永生，刘向荣. 流体力学[M]. 北京：科学出版社，2005.

[5] 赵振兴，何建京. 水力学[M]. 北京：清华大学出版，2005.

[6] 谢振华. 工程流体力学[M]. 4 版. 北京：冶金工业出版社，2013.

[7] 蔡增基. 流体力学学习辅导与习题精解[M]. 北京：中国建筑工业出版社，2007.

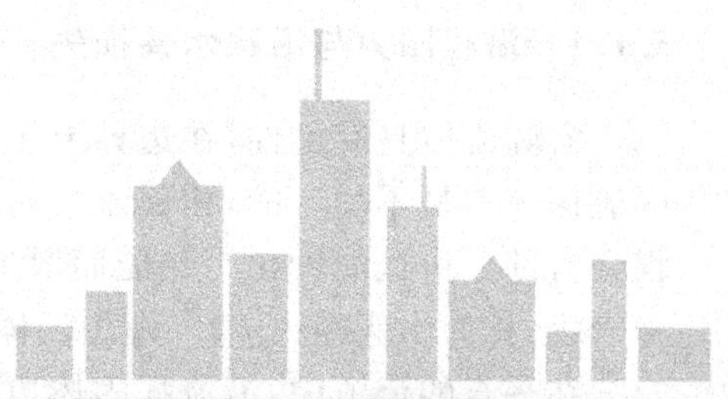

5 流体能量损失及流态

课前导问

实际流体在流动过程中为什么会有能量损失？损失的能量去哪儿了？电线为什么会风鸣？什么是风洞试验？雷诺实验说明了什么？飞机在高空飞行时为什么会颠簸？流体有哪些流态？带着这些问题，让我们一起开始对流态与能量损失的探索吧！

课前提示

理解水头损失的物理概念及分类，掌握流态的判别方法。

5.1 流动阻力与水头损失

5.1.1 沿程阻力与沿程水头损失

实际流体具有黏性，在边界上无滑移，边界上的速度为零。在平直的流道中，过流断面上的流速分布是不均匀的，相邻流层间有相对运动，产生内摩擦力。因此，流体在运动过程中沿程会有部分机械能转化为热能而散失。在流体力学中，能量损失用单位重量流体损失的能量来表示，称为水头损失 h_w。理想流体没有黏性，所以水头损失为零。

在平直的流道中，沿流程固体边界的黏滞作用造成流速分布不均匀，两流层之间存在着相对运动，有相对运动的两流层之间必然会产生内摩擦力，这个力称为沿程阻力；克服沿程阻力所做的功称为沿程水头损失，用 h_f 表示。这种水头损失是沿程都有并随着流程长度的增加而增加的，而且只在长直流道中有。一般均匀流或渐变流的水头损失中只包括沿程水头损失。

5.1.2 局部阻力与局部水头损失

如图 5-1 所示，因流道边界的改变，实际流体在黏性的作用下，断面流速分布急剧变化，产生漩涡，流速分布改变过程中流体质点间相对运动加强，内摩擦加剧，产生较大的能量损失。这种局部急剧变化而引起断面流速分布急剧变化所导致的附加力，称为局部阻力；由局部阻力引起的水头损失称为局部水头损失，用 h_j 表示。

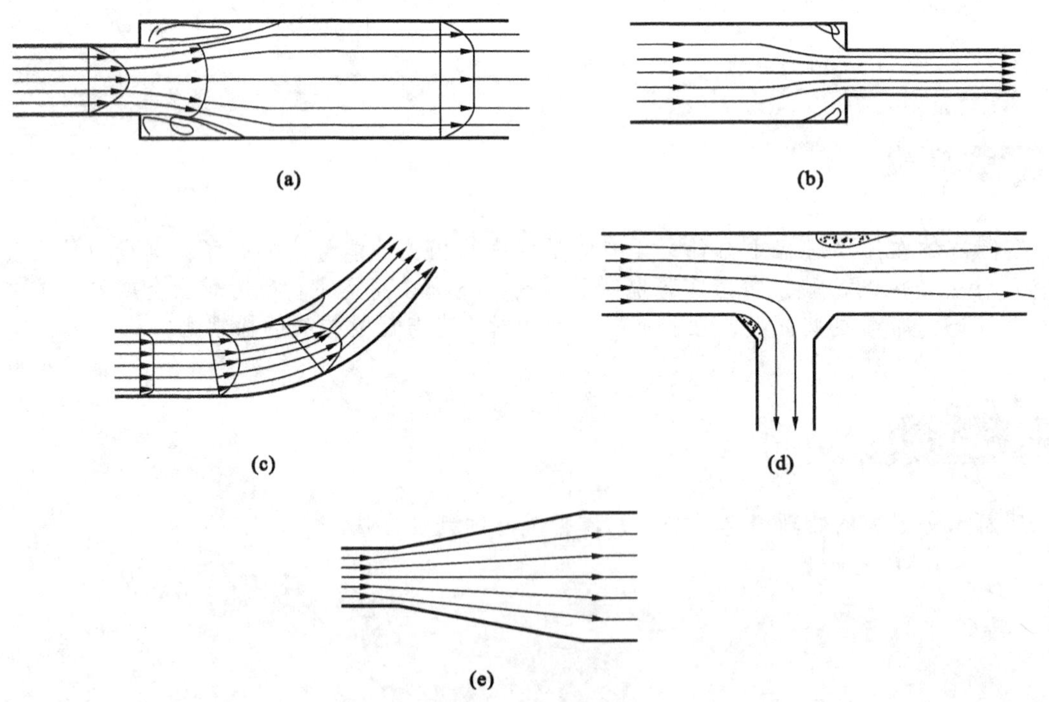

图 5-1　典型的局部水头损失

(a) 突扩管；(b) 突缩管；(c) 圆弯管；(d) 叉管；(e) 渐扩管

局部水头损失的大小主要与流道的形状有关，局部水头损失一般发生在流体过流断面突变处，一般在非均匀流发生的部位会产生局部水头损失。

均匀流时只有沿程水头损失，没有局部水头损失；渐变流时有沿程水头损失，而局部水头损失可忽略不计；急变流时有沿程水头损失、局部水头损失。局部水头损失是在一段流程上，甚至相当长的一段流程上完成的，但是为了方便计算，流体力学中通常把它作为一个断面上的集中水头损失来处理。

流体产生水头损失必须具备两个条件：① 流体具有黏性；② 流体内部质点之间产生相对运动。

实际流体具有黏性，即使固体边界是平直的，边界滞水作用会引起过流断面流速分布不均匀，也可使流体内部质点之间发生相对运动，从而产生切应力，引起水头损失；若流体是没有黏性的理想流体，即使边界轮廓发生急剧变化，引起流线方向和间距的变化，也只能使机械能互相转化，而不会引起水头损失。

5.1.3 水头损失计算公式

如果在两过流断面间既有均匀流段又有非均匀流段，则这两过流断面间的水头损失由两部分组成，即沿程水头损失和局部水头损失，两者之和称为总水头损失，用 h_w 表示。

$$h_w = \sum h_f + \sum h_j \tag{5-1}$$

如图 5-2 所示，1—1 断面到 8—8 断面管道总的水头损失为：

$$h_{w1-8} = h_{j1-2} + h_{f2-3} + h_{j3-4} + h_{f4-5} + h_{j5-6} + h_{f6-7} + h_{j7-8}$$

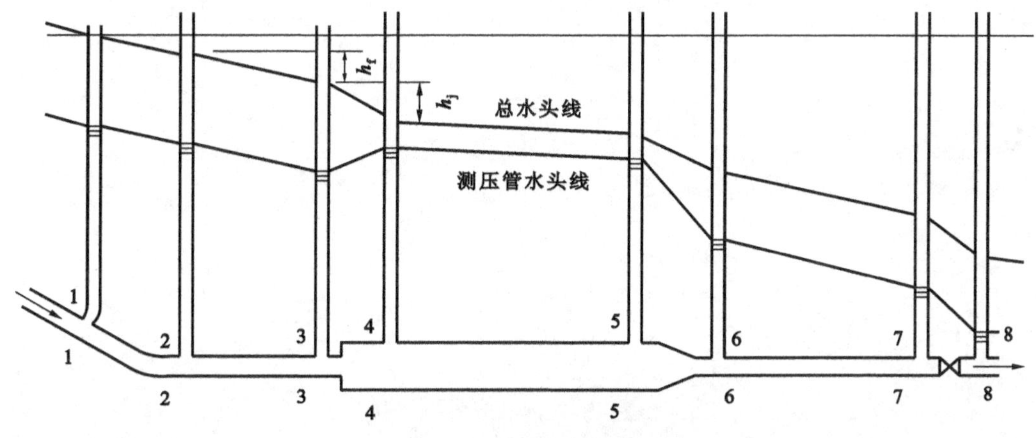

图 5-2 有压管流水头线

法国工程师达西（H. Darcy，1803—1858）和德国水力学家魏斯巴赫（J. L. Weisbach，1806—1871）在归纳总结前人实验的基础上，提出圆管沿程水头损失的计算公式——达西-魏斯巴赫公式，即：

$$h_f = \lambda \frac{l}{d} \frac{v^2}{2g} \tag{5-2}$$

式中 l——管长；

d——管径；

v——断面平均流速；

g——重力加速度；

λ——沿程水头损失系数。

式(5-2)中,沿程水头损失系数λ并不是一个确定的常数,一般由实验确定。因此,可以认为达西-魏斯巴赫公式实际上是把沿程水头损失的计算转化为研究并确定沿程水头损失系数λ的值。

在实验的基础上,局部水头损失可按下式计算:

$$h_j = \zeta \frac{v^2}{2g} \tag{5-3}$$

式中 ζ——局部水头损失系数,由实验确定;

v——ζ对应的断面平均流速。

5.2 沿程水头损失与切应力

沿程水头损失是流体克服内摩擦力(切应力)做功所耗散的能量,只要知道两断面间切应力的大小,就可以计算沿程水头损失 h_f 的大小。现以圆管内的恒定均匀流为例进行分析,导出切应力 τ 与沿程水头损失 h_f 之间的关系。

5.2.1 均匀流基本方程

如图 5-3 所示,在半径为 r_0 的恒定均匀流的管道中,以管轴为中心线,取任意大小的流束进行分析。选取相距 l 的两过流断面 1—1、2—2 和流束的管壁所围成的封闭空间为控制体,管轴线与铅垂方向间的夹角为 θ,过流断面的面积为 A',所选取的流束半径为 r',两过流断面轴线处的动压强分别为 p_1、p_2。设流束表面的平均切应力为 τ,对控制体进行受力分析,列出平衡方程。

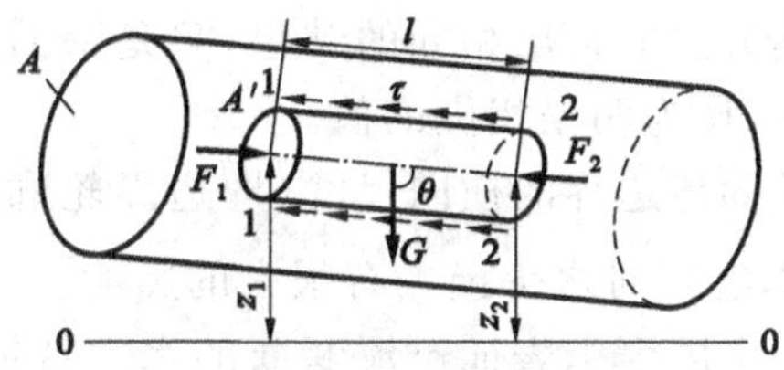

图 5-3 圆管均匀流

作用于流束上的力如下。

① 流束内流体自重。

$$G = \rho g A' l$$

式中 ρ——流体的密度。

② 两端过流断面上的动水压力。

$$F_1 = p_1 A', \quad F_2 = p_2 A'$$

③ 流束管壁上的切力。

$$T = \tau \chi' l$$

式中 χ'——湿周,表示过流断面上流体与固体壁面接触的周界。

④ 流束管壁上的动水压力。

由于是均匀流,加速度为零,所有外力在流动方向上的投影之和等于零,即

$$F_1 - F_2 + G\cos\theta - T = 0$$

将相关公式代入,得

$$p_1 A' - p_2 A' + \rho g A' l \cos\theta - \tau \chi' l = 0$$

其中 $l\cos\theta = z_1 - z_2$,代入上式,并将各项除以 $\rho g A'$,整理得:

$$\left(z_1 + \frac{p_1}{\rho g}\right) - \left(z_2 + \frac{p_2}{\rho g}\right) = \frac{\tau \chi' l}{\rho g A'} \tag{5-4}$$

对过流断面 1—1、2—2 列伯努利方程:

$$z_1 + \frac{p_1}{\rho g} + \frac{\alpha_1 v_1^2}{2g} = z_2 + \frac{p_2}{\rho g} + \frac{\alpha_2 v_2^2}{2g} + h_w$$

对于均匀流，$\frac{\alpha_1 v_1^2}{2g}=\frac{\alpha_2 v_2^2}{2g}$，且两断面间只有沿程水头损失，即 $h_w=h_f$，故上式可简化为：

$$\left(z_1+\frac{p_1}{\rho g}\right)-\left(z_2+\frac{p_2}{\rho g}\right)=h_f$$

代入式(5-4)，得

$$h_f=\frac{\tau\chi' l}{\rho g A'} \tag{5-5}$$

定义水力半径 $R'=\frac{A'}{\chi'}$，又有 $J=\frac{h_f}{l}$，代入式(5-5)中，有

$$\tau=\rho g R' J \tag{5-6}$$

对于总流来说，流束的周界是管壁，此时的水力半径 $R'=R$，管壁的平均切应力为 τ_0，总流和任意流束的水力坡度 J 相等，则可得

$$\tau_0=\rho g R J \tag{5-7}$$

式(5-6)和式(5-7)都称为均匀流基本方程，它确立了切应力与沿程水头损失之间的关系。同样，对于明渠均匀流，按上述方法能得出相同的结果，只是壁面的切应力分布不像轴对称管流那么均匀，而式中的 τ、R'、τ_0、R 为明渠相应的值。

在均匀流基本方程中涉及固体边界的横向尺寸(即边界轮廓的形状和大小)，如过流断面的面积 A、湿周 χ、水力半径 R，它们对水头损失有很大的影响。

仅以面积或湿周中任何一个因素来表征过流断面的水力特征明显不够全面，因此引入水力半径(过流断面的面积与湿周的比值)。例如，直径为 d 的圆管，其中充满水，所以有 $A=\frac{\pi d^2}{4}$，$\chi=\pi d$，水力半径 $R=\frac{A}{\chi}=\frac{\frac{\pi d^2}{4}}{\pi d}=\frac{d}{4}$。

5.2.2 圆管过流断面上的切应力分布

由式(5-6)和式(5-7)可知：

$$\tau=\frac{R'}{R}\tau_0=\frac{r'}{r_0}\tau_0 \tag{5-8}$$

式中 r'，r_0——任意流束的半径和圆管半径。

式(5-8)表明，平直圆管均匀流过流断面上切应力按直线分布，圆管中心的切应力为零，沿半径方向逐渐增大，到管壁处为 τ_0。

若将达西-魏斯巴赫公式[式(5-2)]变为 $J=\lambda\frac{1}{d}\frac{v^2}{2g}$，代入均匀流基本方程式(5-7)，可得到均匀流沿程水头损失系数与管壁切应力之间的关系式：

$$\tau_0=\frac{\lambda}{8}\rho v^2 \tag{5-9}$$

定义 $v_*=\sqrt{\frac{\tau_0}{\rho}}$，$v_*$ 为具有速度的量纲，称为摩阻流速，则：

$$v_*=v\sqrt{\frac{\lambda}{8}} \tag{5-10}$$

5.3 流　态

实际流体在流动中，质点的运动非常不规则，人们为了研究方便，按流体质点运动轨迹的规则性，将流动分为层流和紊流两种流态。这两种流态性质不同，能量损失规律差别很大。在1883年，英国物理学家雷诺(O. Reynolds，1842—1912)经过实验研究发现了层流和紊流的流动特征。

5.3.1 雷诺实验

雷诺实验装置如图5-4所示。为保持水流为恒定流，水箱A装有溢流设备，出口处设有阀门C控制流速v；从水箱A引出一根直径为d的长玻璃管，进口为喇叭形，以使水流平顺；容器D中盛有红色液体，用细管将容器D中的红色液体导入喇叭口中心，细管上端设阀门F，以控制红色液体的注入量。

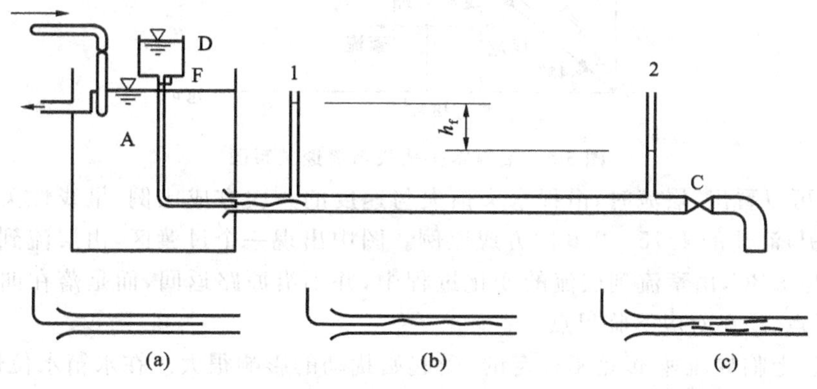

图5-4　雷诺实验装置

实验操作如下：

① 先将阀门C缓慢开启，水从玻璃管中流出。

② 打开红色液体阀门F，这时可以看到玻璃管中有一条细直的红色流束。这一流束并不与水混杂，如图5-4(a)所示。

③ 将阀门C逐渐开大，玻璃管中流速逐渐增大，这时可以看到玻璃管中红色流束开始扰动，并具有波形轮廓，然后在个别流段开始出现破裂，如图5-4(b)所示。

④ 在流速v达到某一定值时，红色流束完全破裂并很快形成满管漩涡(漩涡由许多大小不等的共同旋转质点群组成，将旋转质点群称为涡体)，如图5-4(c)所示。

实验表明，同一种流体在同一管中流动，当流速v不同时存在着两种流态：① 当v较小时，相邻的两流层互相平稳滑动，互不混杂，流动有规则，这种形态的流动称为层流；② 当v较大时，各流层质点形成涡体，在流动过程中互相混杂，一些小的流体微元在层与层之间穿越，杂乱无章，这种形态的流动称为紊流。

我们将图5-4(b)中带颜色的水开始出现微振动或变动，呈波状轮廓时的状态称为临界状态，此时管道中断面的平均流速称为临界流速。实验表明：

① 当层流向紊流过渡，或紊流向层流过渡时，临界流速并不相等。其中，由层流转化为紊流时的平均流速称为上临界流速，用v_c'表示；而由紊流转化为层流时的平均流速称为下临界

流速，用 v_c 表示，且 $v_c < v_c'$。

② 临界流速的数值与管道直径 d 及流体的黏性系数 μ 有关。

选取管道的两过流断面 1 和 2，当流速变为 v（流速可用量杯和秒表测得）时，测得两断面间的沿程水头损失 h_f（由于是均匀流，沿程水头损失 h_f 就是测压管水头差）。将实验测得的数据点绘在双对数坐标上，可得图 5-5 所示的 h_f-v 关系曲线。

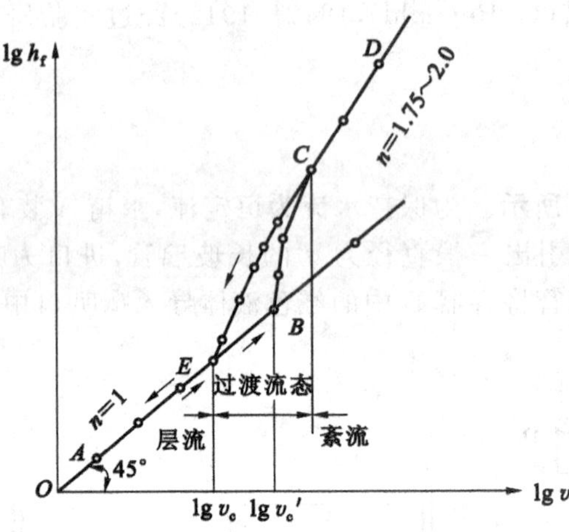

图 5-5　沿程水头损失与流速关系图

由图 5-5 可以看出，层流时，沿程水头损失与速度的一次方成比例，呈线性关系；紊流时，沿程水头损失与流速的 1.75～2.0 次方成比例。图中出现一个过渡区，由层流到紊流的过程中，曲线走向是 EBC，由紊流到层流的变化过程中，并不沿原路返回，而是落在曲线 CE 上，B 点对应上临界点，E 点对应下临界点。

实验发现，上临界流速 v_c' 是不稳定的，受起始扰动的影响很大。在水箱水位恒定、管道入口平顺、管壁光滑、阀门开启轻缓的条件下，v_c' 比 v_c 大很多。而下临界流速 v_c 是稳定的，不受起始扰动的影响，对任何起始紊流，当流速 $v < v_c$ 时，只要管道足够长，流动终将发展为层流。实际流动中，因扰动难以避免，所以把下临界流速 v_c 作为流态转变的临界流速。

当 $v < v_c$ 时，流动为层流；当 $v > v_c$ 时，流动为紊流。

5.3.2　雷诺数

流态不同，沿程阻力和水头损失的规律不同，所以在计算水头损失之前，需要对流态做出判别。雷诺发现临界流速 v_c 与流体的密度 ρ、动力黏性系数 μ、管径 d 均有密切的关系，并提出流态可用下列无量纲数来进行判断：

$$Re = \frac{\rho v d}{\mu} = \frac{vd}{\nu} \tag{5-11}$$

此无量纲数称为雷诺数。将流态开始转变的 Re 称为临界雷诺数；若以上临界流速代入式(5-11)，所得雷诺数为上临界雷诺数，用 Re_c' 表示；若以下临界流速代入式(5-11)，所求得雷诺数为下临界雷诺数。

上临界雷诺数通常是不稳定的，其数值在 4000 左右，但也存在 Re 值高达 50000 时还能保持圆管中的流动为层流的实验现象。当 Re 值远低于 2000 时，要在直管中保持紊流实际上是不可能的，因为所出现的任何扰动都会被黏性摩擦阻尼掉。因此，一般以下临界雷诺数作为层流与紊流的分界点，简称临界雷诺数，用 Re_c 表示。许多水力专家无数次实验证明，圆管有压流动下 Re_c 是一个较稳定的值，即：

$$Re_c = \frac{\rho v_c d}{\mu} = \frac{v_c d}{\nu} = 2000$$

雷诺数 $Re=\frac{vd}{\nu}$ 中，实际上 d 表示流动特征长度，v 表示流动特征速度，而雷诺数 Re 表征了惯性力与黏滞阻力之比。

对于圆管，$Re<2000$ 时，流动为层流；$Re>2000$ 时，流动为紊流。

若以水力半径为特征长度，$R=\frac{d}{4}$，雷诺数还可表示为：

$$Re_R = \frac{vR}{\nu} \tag{5-12}$$

则相应的临界雷诺数为：

$$Re_{c,R} = \frac{v_c R}{\nu} = 500$$

若 $Re_R=\frac{vR}{\nu}<500$，流动为层流；若 $Re_R=\frac{vR}{\nu}>500$，流动为紊流。

【例 5-1】 有一种液体，运动黏性系数 $\nu=1.8\times10^{-5}\ \text{m}^2/\text{s}$，以 1 L/s 的流量流过直径为 100 mm 的管道，问流态为层流还是紊流？

【解】 管道中的流速为：

$$v = \frac{Q}{A} = \frac{4Q}{\pi d^2} = \frac{4\times0.001\ \text{m}^3/\text{s}}{3.14\times(0.1\ \text{m})^2} = 0.127\ \text{m/s}$$

由式(5-11)得

$$Re = \frac{vd}{\nu} = \frac{0.127\ \text{m/s}\times0.1\ \text{m}}{1.8\times10^{-5}\ \text{m}^2/\text{s}} = 706 < 2000$$

此雷诺数小于临界雷诺数，该流动是层流流态。

【例 5-2】 某实验中的矩形渠道，底宽 $b=0.25$ m，通过的流量 $Q=0.02\ \text{m}^3/\text{s}$，渠中水深 $h=0.3$ m，测得水温 $t=20$ ℃，试判别渠中流态。

【解】 根据已知条件，计算水流的断面尺寸如下。

$$A = bh = 0.25\ \text{m}\times0.3\ \text{m} = 0.075\ \text{m}^2$$

$$\chi = b+2h = 0.25\ \text{m}+2\times0.3\ \text{m} = 0.85\ \text{m}$$

$$R = \frac{A}{\chi} = \frac{0.075\ \text{m}^2}{0.85\ \text{m}} = 0.088\ \text{m}$$

渠中水流流速为：

$$v = \frac{Q}{A} = \frac{0.02\ \text{m}^3/\text{s}}{0.075\ \text{m}^2} = 0.267\ \text{m/s}$$

当水温 $t=20$ ℃，查表 1-1 可得，运动黏性系数 $\nu=1.011\times10^{-6}\ \text{m}^2/\text{s}$。根据式(5-12)，有

$$Re_R = \frac{vR}{\nu} = \frac{0.267\ \text{m/s}\times0.088\ \text{m}}{1.011\times10^{-6}\ \text{m}^2/\text{s}} = 23239 > 500$$

故该流动为紊流。

5.4 圆管层流

在实际工程中,绝大多数流动都是紊流,通过研究很难得出流速分布与水头损失的解析解。而圆管层流是流体运动较为简单的一种情况,通常可以得到明确的解析解。因此,研究层流不仅有工程实用意义,通过比较,还可以加深对紊流的认识。

5.4.1 流动特征

层流是各流层的质点互不掺混的流动。对于圆管来说,各层质点沿平行于管轴线方向运动,与管壁接触的一层速度为零,管轴线上速度最大,整个管流如同无数个薄壁圆筒一个套着一个滑动(图 5-6)。因此,每一个圆筒层表面切应力都服从牛顿内摩擦定律:

$$\tau = \mu \frac{\mathrm{d}u}{\mathrm{d}y}$$

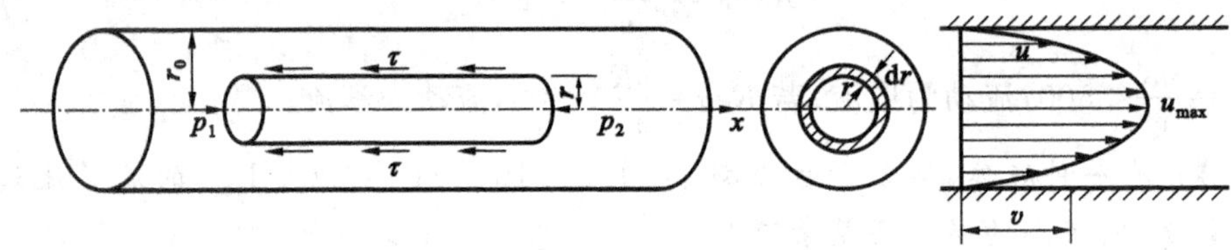

图 5-6 恒定的圆管层流

令 $y=r_0-r$,则有

$$\tau = \mu \frac{\mathrm{d}u}{\mathrm{d}y} = -\mu \frac{\mathrm{d}u}{\mathrm{d}r} \tag{5-13}$$

5.4.2 流速分布

流动为均匀流,将式(5-13)代入均匀流动方程式(5-6)中,得:

$$\tau = -\mu \frac{\mathrm{d}u}{\mathrm{d}r} = \rho g R' J = \rho g \frac{r}{2} J$$

分离变量,有

$$\mathrm{d}u = -\frac{\rho g J}{2\mu} r \mathrm{d}r$$

积分,得

$$u = -\int \frac{\rho g J}{2\mu} r \mathrm{d}r = -\frac{\rho g J}{4\mu} r^2 + C \tag{5-14}$$

积分常数 C 由边界条件确定,壁面处满足无滑移边界条件时,即 $r=r_0$,$u=0$,代入式(5-14)可得,$C=\frac{\rho g J}{4\mu} r_0^2$,代入式(5-14),得

$$u = \frac{\rho g J}{4\mu}(r_0^2 - r^2) = \frac{gJ}{4\nu}(r_0^2 - r^2) \tag{5-15}$$

式(5-15)是过流断面流速分布的解析式,为抛物线方程,故圆管层流过流断面上流速呈抛物线分布。

由式(5-15)可知,圆管层流中管轴线处流速最大。当 $r=0$ 时,有

$$u_{\max} = \frac{gJ}{4\nu} r_0^2 \tag{5-16}$$

管中流量为：

$$Q = \int_A u \mathrm{d}A = \int_0^{r_0} \frac{gJ}{4\nu}(r_0^2 - r^2) \cdot 2\pi r \mathrm{d}r = \frac{gJ}{8\nu}\pi r_0^4 \tag{5-17}$$

平均流速为：

$$v = \frac{Q}{A} = \frac{\frac{gJ}{8\nu}\pi r_0^4}{\pi r_0^2} = \frac{gJ}{8\nu} r_0^2 \tag{5-18}$$

比较式(5-16)和式(5-18)可知：

$$v = \frac{1}{2} u_{\max}$$

即圆管层流的断面平均流速是最大流速的一半，可见层流的过流断面上流速分布不均匀，其动能修正系数和动量修正系数分别为：

$$\alpha = \frac{\int_A u^3 \mathrm{d}A}{v^3 A} = 2$$

$$\beta = \frac{\int_A u^2 \mathrm{d}A}{v^2 A} = \frac{4}{3}$$

5.4.3 沿程水头损失与沿程水头损失系数

由式(5-18)可知

$$J = \frac{8\nu}{g r_0^2} v$$

若将 $r_0 = \frac{d}{2}$，$J = \frac{h_f}{l}$代入上式，可得

$$J = \frac{h_f}{l} = \frac{32\nu}{g d^2} v$$

则有

$$h_f = \frac{32\nu l}{g d^2} v \tag{5-19}$$

式(5-19)表明，层流时 h_f 与 v 的一次方成正比，与雷诺实验的结果完全一致。这个方程的显著特点在于不含任何类型的经验系数或实验系数，只含有此种流体的物理属性。

若将式(5-19)与达西公式 $h_f = \lambda \frac{l}{d}\frac{v^2}{2g}$进行比较，可得沿程水头损失系数为

$$\lambda = \frac{64}{Re} \tag{5-20}$$

该式表明，圆管中的恒定均匀层流沿程水头损失系数 λ 与管壁粗糙度无关，而仅与 Re 有关，并与 Re 成反比。

【例 5-3】 如图 5-7 所示的细光滑管，直径 d=8 mm，通过液体的流量 Q=77 $\mathrm{cm^3/s}$，管内液体的密度 ρ_1=800 $\mathrm{kg/m^3}$，运动黏性系数 ν=8.6×10^{-6} $\mathrm{m^2/s}$。试求：① 液体的流态；② 在 l=2 m 管段，水银压差计读数 Δh 为多少？

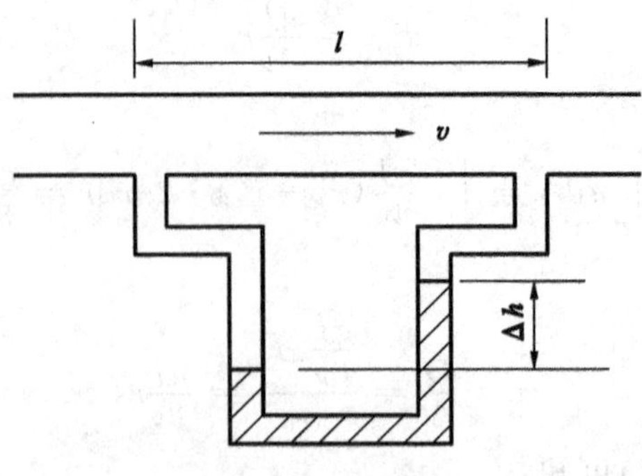

图 5-7 细光滑管

【解】 ① 液体流速为：

$$v=\frac{Q}{A}=\frac{4Q}{\pi d^2}=\frac{4\times 77\ \text{cm}^3/\text{s}}{3.14\times(0.8\ \text{cm})^2}=153.26\ \text{cm/s}=1.5326\ \text{m/s}$$

$$Re=\frac{vd}{\nu}=\frac{1.5326\ \text{m/s}\times 0.008\ \text{m}}{8.6\times 10^{-6}\ \text{m}^2/\text{s}}=1425.67<2000$$

故该液体属于层流流态。

② 列测量端前后两个断面的伯努利方程：

$$\frac{p_1}{\rho_1 g}-\frac{p_2}{\rho_1 g}=h_f=\lambda\frac{l}{d}\frac{v^2}{2g}=\frac{64}{Re}\frac{l}{d}\frac{v^2}{2g}$$

$$=\frac{64}{1425.67}\times\frac{2\ \text{m}}{0.008\ \text{m}}\times\frac{(1.5326\ \text{m/s})^2}{2\times 9.81\ \text{m/s}^2}=1.3449\ \text{m}$$

水银压差计压差为：

$$p_1-p_2=(\rho_{Hg}g-\rho_1 g)\Delta h\quad\Rightarrow\quad\frac{p_1}{\rho_1 g}-\frac{p_2}{\rho_1 g}=\frac{\rho_{Hg}g-\rho_1 g}{\rho_1 g}\Delta h$$

联立上面两式，得：

$$\Delta h=\frac{\rho_1 g h_f}{\rho_{Hg}g-\rho_1 g}=\frac{\rho_1 h_f}{\rho_{Hg}-\rho_1}=\frac{800\ \text{kg/m}^3\times 1.3449\ \text{m}}{13.6\times 1000\ \text{kg/m}^3-800\ \text{kg/m}^3}=0.084\ \text{m}$$

5.5 紊流的运动特征

5.5.1 紊流的随机性与规律性

在紊流中，流体质点相互混杂着运动。其质点总体来说是朝着主流方向运动，然而用欧拉法研究紊流流体运动时，在固定空间点上，不同瞬时运动要素（流速、压强等）的大小和方向都带有随机性。运动要素随时间做不规则急剧变化的现象称为脉动或紊动。

紊流流动参数的瞬时值带有偶然性，但不能就此得出紊流不存在规律性的结论。通过流动参数的时均化来求得紊流时间平均的规律性，是流体力学研究紊流的有效途径。

如图 5-8 所示，u_x 随时间无规则地变化，并围绕某一平均值上下变动。将 u_x 对某一时段 T 平均，即

$$\overline{u}_x = \frac{1}{T}\int_0^T u_x \mathrm{d}t \tag{5-21}$$

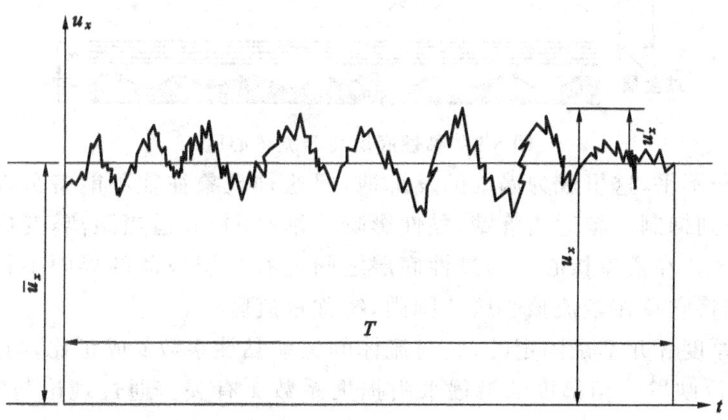

图 5-8 紊流瞬时流速

只要所取时段 T 不是很短（比任何一个脉动持续时间长得多的时间），$\overline{u}_x$ 值便与 T 的长短无关。$\overline{u}_x$ 就是该点 x 方向的时均速度，则瞬时速度就等于时均速度与脉动速度的叠加，即

$$u_x = \overline{u}_x + u'_x \tag{5-22}$$

式中 u'_x——该点在 x 方向的脉动速度。

脉动速度随时间变化，时大时小，时正时负，在 T 时段内的时均值为零，即

$$\overline{u'_x} = \frac{1}{T}\int_0^T u'_x \mathrm{d}t = 0 \tag{5-23}$$

紊流速度不仅在流动方向上有脉动，也存在横向脉动。横向脉动速度的时均值也为零，即 $\overline{u'_y}=\overline{u'_z}=0$，但脉动速度的均方值并不等于零，其值为：

$$\overline{u'^2_x} = \frac{1}{T}\int_0^T u'^2_x \mathrm{d}t$$

y、z 方向脉动速度的均方值分别表示为$\overline{u'^2_y}$、$\overline{u'^2_z}$。

常用紊流度 N 来表示紊动的程度，则：

$$N=\frac{\sqrt{\frac{1}{3}\left(\overline{u'^2_x}+\overline{u'^2_y}+\overline{u'^2_z}\right)}}{\overline{u_x}} \tag{5-24}$$

紊流可根据时均流动参数是否随时间变化分为恒定流和非恒定流。

5.5.2 黏性底层

研究发现，紊流中并不是整个断面都是紊流。经观测，在靠近管壁处存在着一层极薄的层流层，称为黏性底层，如图 5-9 所示。由于分子附着力的作用，管壁上有流体黏附，此处流体的速度为零。这种黏附作用必然会影响壁面附近流体的流动，使紊流的脉动与质点的掺混在靠近管壁处受到抑制，故脉动流速很小，而流速梯度$\frac{du_x}{dy}$较大，黏性切应力$\tau=\mu\frac{du_x}{dy}$起主导作用。

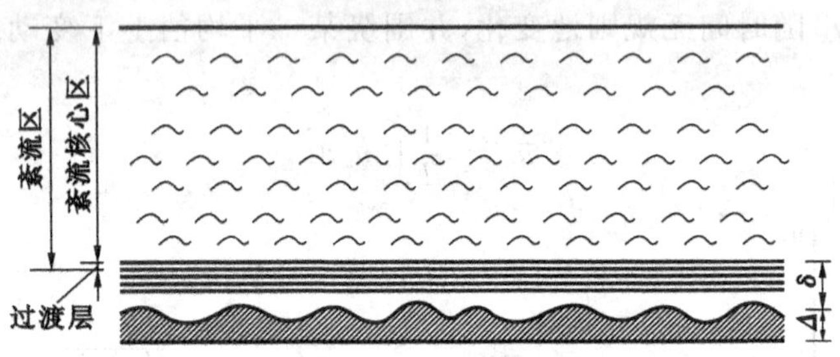

图 5-9 黏性底层与紊流核心区

由于管壁凹凸不平，这里成为涡旋的发源地，但这种现象往往不能持久，由于黏性的影响很大，紊流现象受到抑制。越远离管壁，黏性影响逐渐减弱，到适当距离，变成紊流运动，此区域称为紊流核心区。在紊流核心区与黏性底层之间还有一层极薄的界限不很分明的过渡层，由于过薄，有时也将它算在紊流核心区范围内，统称紊流区。

黏性底层的厚度δ并不是固定的，它与流体的运动黏性系数ν成正比，与流体的运动速度v成反比，而且与反映壁面粗糙度的沿程水头损失系数λ有关。通过理论与实验计算，δ的一个近似计算公式为：

$$\delta=\frac{32.8d}{Re\sqrt{\lambda}} \tag{5-25}$$

由于λ是难以预先确定的，它是与$\frac{\Delta}{d}$和Re相关的量，因此用式(5-25)计算δ不方便，一般采用以下半经验公式：

$$\delta=\frac{34.2d}{Re^{0.875}} \tag{5-26}$$

式中 d——管道内直径。

黏性底层的厚度在紊流运动中通常只有十分之几毫米，但是它对紊流能量损失有着重要的影响。黏性底层的厚度越薄，摩阻损失越大。任何管道，由于材质、加工、使用条件和年限等因素的影响，管道内壁总是凹凸不平的，其粗糙凸出部分的平均高度Δ称为管壁的绝对粗糙度，而Δ与管道内径d的比值$\frac{\Delta}{d}$称为管壁的相对粗糙度。

一般认为，当$\delta>\Delta$时，Δ淹没在黏性底层中，Δ对流动阻力没有影响，这种流动条件下的管道称为水力光滑管；而当$\delta<\Delta$时，黏性底层被破坏，流体的阻力主要取决于壁面的粗糙程

度，这种管道称为水力粗糙管。因此，同一条管道可以是光滑管，也可以是粗糙管，其主要取决于黏性底层厚度 δ 与绝对粗糙度 Δ 的对比关系。

由式(5-10)可知，摩阻流速 $v_*=\sqrt{\frac{\tau_0}{\rho}}$，且 $v_*=v\sqrt{\frac{\lambda}{8}}$，将其与 $Re=\frac{vd}{\nu}$ 一并代入式(5-25)后整理可得：

$$\delta = 11.6\frac{\nu}{v_*} \tag{5-27}$$

在黏性底层中，切应力取壁面切应力，即 $\tau=\tau_0$，而 $\tau_0=\mu\frac{\mathrm{d}u}{\mathrm{d}y}$，积分得

$$u = \frac{\tau_0}{\mu}y + C \tag{5-28}$$

由边界条件可知，壁面上 $y=0$，$u=0$，积分常数 $C=0$，则有

$$u = \frac{\tau_0}{\mu}y \tag{5-29}$$

或以 $v_*=\sqrt{\frac{\tau_0}{\rho}}$ 代入上式，有

$$\frac{u}{v_*} = \frac{v_* y}{\nu} \tag{5-30}$$

式(5-29)或式(5-30)表明，在黏性底层中，速度按线性分布，在壁面上速度为零。

5.5.3 紊流切应力

紊流按时均化的方法可以分解成时均流动和脉动流动，相应的紊流切应力也由两部分组成。

对于层流，切应力只包含黏滞切应力，它与流速梯度之间的关系符合牛顿内摩擦定律：

$$\overline{\tau_1} = \mu\frac{\mathrm{d}\overline{u}}{\mathrm{d}y}$$

因紊流脉动，上、下层质点相互混掺，动量交换引起的附加切应力（由于是雷诺于 1895 年首先提出的，因此又称雷诺应力）为：

$$\overline{\tau_2} = -\rho\overline{u_x' u_y'}$$

式中 $\overline{u_x' u_y'}$——脉动速度乘积的时均值。

因 u_x'、u_y' 异号，为使附加切应力 $\overline{\tau_2}$ 与黏性切应力 $\overline{\tau_1}$ 表示方式一致，以正值出现，式前加负号。

紊流切应力为：

$$\overline{\tau} = \overline{\tau_1} + \overline{\tau_2} = \mu\frac{\mathrm{d}\overline{u}}{\mathrm{d}y} - \rho\overline{u_x' u_y'} \tag{5-31}$$

式(5-31)中，两部分切应力所占比重随紊流脉动情况而异。当雷诺数较小、紊流脉动较弱时，$\overline{\tau_1}$ 占主导地位；随着雷诺数增大，紊流脉动加剧，$\overline{\tau_2}$ 不断增大。当雷诺数很大，紊流脉动充分发展时，黏性切应力与附加切应力相比甚小，即 $\overline{\tau_1} \ll \overline{\tau_2}$，前者可忽略不计。

由于脉动量很难测量，因此利用脉动量直接计算紊流附加切应力实际上是不可能的。紊流理论主要研究脉动值和平均值之间的相互关系。紊流研究的方向主要有紊流统计理论、平均量的半经验理论（这是工程中主要采用的方法）。

1925 年，德国力学家普朗特比拟气体分子自由行程的概念，提出了混合长度的理论，就是经典的半经验理论。

混合长度理论的假设：

① 质点在掺混过程中，存在一个与气体分子自由行程相当的距离 l，质点在此距离内不与其他质点相碰，保持原有的物理属性，直至经过行程 l 才与周围质点掺混，发生动量交换，失去原有物理属性，并取得与新位置上原有流体相同的动量。如图 5-10 所示，l 为混合长度，距离为 l 的流层时均流速差为：

$$\Delta \overline{u}_x = \overline{u}_x(y+l) - \overline{u}_x(y) = \overline{u}_x(y) + l\frac{\mathrm{d}\,\overline{u}_x}{\mathrm{d}y} - \overline{u}_x(y) = l\frac{\mathrm{d}\,\overline{u}_x}{\mathrm{d}y}$$

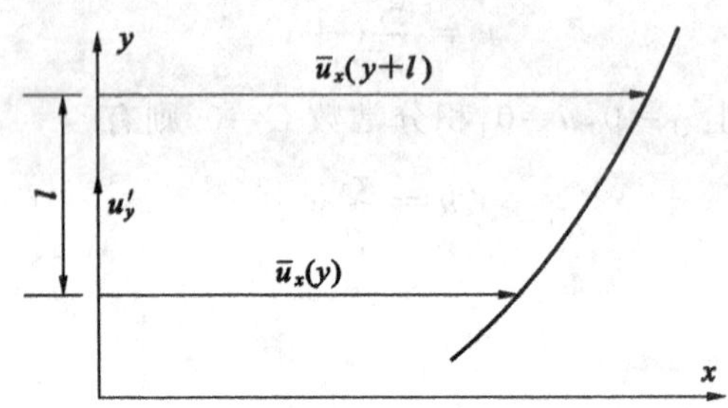

图 5-10 混合长度理论

② 脉动流速 u'_x 与两流层间的时均流速差 $\Delta \overline{u}_x$ 成比例：

$$u'_x \propto l\frac{\mathrm{d}u'_x}{\mathrm{d}y}$$

③ 脉动流速 u'_y 与 u'_x 有关：

$$u'_y \propto u'_x \propto l\frac{\mathrm{d}u'_x}{\mathrm{d}y}$$

将以上关系式代入附加切应力公式$\overline{\tau}_2 = -\rho\overline{u'_x u'_y}$，并设 l 内包含了比例常数，则有

$$\overline{\tau}_2 = -\rho\overline{u'_x u'_y} = \rho l^2\left(\frac{\mathrm{d}u_x}{\mathrm{d}y}\right)^2 \tag{5-32}$$

④ 混合长度 l 不受黏性影响，只与质点到壁面的距离有关：

$$l = \kappa y \tag{5-33}$$

式中 κ——待定的无量纲常数。

在充分发展的紊流中，$\overline{\tau_1} \ll \overline{\tau_2}$，切应力$\overline{\tau}$只考虑紊流附加切应力，并认为壁面附近切应力一定，即$\overline{\tau} = \tau_0$（壁面切应力），将式(5-33)代入式(5-32)，略去表示时均量的横标线，得：

$$\tau_0 = \rho\kappa^2 y^2\left(\frac{\mathrm{d}u}{\mathrm{d}y}\right)^2$$

$$\mathrm{d}u = \frac{1}{\kappa}\sqrt{\frac{\tau_0}{\rho}}\frac{\mathrm{d}y}{y}$$

对上式积分，其中 τ_0 一定，摩阻流速 v_* 为常数，得：

$$\frac{u}{v_*} = \frac{1}{\kappa}\ln y + C \tag{5-34}$$

式(5-34)称为普朗特-卡门对数分布律，是壁面附近紊流速度分布的一般式，将其推广用于除黏性底层以外的整个过流断面，同实测速度分布相符。

5.6 紊流的沿程水头损失

由于紊流的复杂性，至今未能像层流那样，严格地从理论上推导出沿程水头损失系数 λ 的理论公式。工程上有两种途径可以确定 λ 值：一种是以紊流的半经验理论为基础，结合实验结果，整理成 λ 的半经验公式；另一种是直接根据实验结果，综合成 λ 的经验公式。

研究表明，紊流的沿程水头损失系数 λ 与管壁粗糙度 $\frac{\Delta}{d}$ 和雷诺数 Re 有关，但迄今为止还没有一种科学方法能测定或规定商业管道的粗糙度。许多实验是通过人工粗糙管进行的，这种人工粗糙度是可以测量的，因而可以用几何参数来描述。

5.6.1 尼古拉兹实验

尼古拉兹将经过筛选的相当均匀的砂粒贴在不同管径的内壁上进行了一系列的实验探究。在实验管道中，相对粗糙度的变化范围 $\frac{\Delta}{d}$ 为 $\frac{1}{1041}\sim\frac{1}{30}$，共分 6 组，对每根管道实测不同流量的断面平均流速 v 和沿程水头损失 h_f，由公式计算出 Re 值和 λ 值。

由于

$$Re=\frac{vd}{\nu},\quad h_f=\lambda\frac{l}{d}\frac{v^2}{2g}$$

因此

$$\lambda=\frac{d}{l}\frac{2g}{v^2}h_f$$

尼古拉兹利用相对粗糙度 $\frac{\Delta}{d}$（共 6 组）的实验资料，以 $\lg Re$ 为横坐标，$\lg(100\lambda)$ 为纵坐标点绘了 $\lambda=f\left(Re,\frac{\Delta}{d}\right)$ 的关系曲线，即尼古拉兹曲线（图 5-11）。

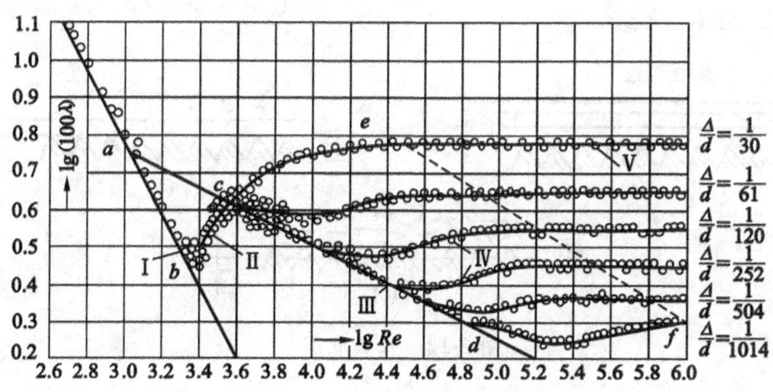

图 5-11 尼古拉兹曲线

根据尼古拉兹实验曲线，λ 共分为 5 个阻力区。

① ab 线（$\lg Re<3.30$，$Re<2000$，Ⅰ区），该层为层流。不同的相对粗糙管的实验点在同一直线上，表明 λ 与相对粗糙度 $\frac{\Delta}{d}$ 无关，只是 Re 的函数，并满足 $\lambda=\frac{64}{Re}$。

② bc 线($\lg Re=3.30\sim3.60, Re=2000\sim4000$，Ⅱ区)，不同的相对粗糙管的实验点在同一曲线上，表明 λ 与相对粗糙度 $\frac{\Delta}{d}$ 无关，只是 Re 的函数。此区是层流向紊流的过渡区，范围很窄，实用意义不大，不予讨论。

③ cd 线($\lg Re>3.60, Re>4000$，Ⅲ区)，不同的相对粗糙管的实验点在同一直线上，表明 λ 与相对粗糙度 $\frac{\Delta}{d}$ 无关，只是 Re 的函数。随着 Re 的增大，$\frac{\Delta}{d}$ 大的管道，实验点在 Re 较低时便离开此线；而 $\frac{\Delta}{d}$ 小的管道，实验点在 Re 较大时才离开。该区称为紊流光滑区。

④ cd、ef 之间的曲线族(Ⅳ区)，不同的相对粗糙管的实验点分别落在不同的曲线上，表明 λ 既与 Re 有关，又与相对粗糙度 $\frac{\Delta}{d}$ 有关。该区称为紊流过渡区。

⑤ ef 右侧水平的直线族(Ⅴ区)，不同的相对粗糙管的实验点分别落在不同的水平直线上，表明 λ 只与相对粗糙度 $\frac{\Delta}{d}$ 有关，与 Re 无关。该区称为紊流粗糙区。

综上所述，紊流一般分为紊流光滑区、紊流过渡区和紊流粗糙区 3 个阻力区，因为存在黏性底层，各区 λ 的变化规律不同。

① 紊流光滑区：如图 5-12(a)所示，黏性底层的厚度 δ 显著地大于粗糙凸起的高度 Δ，粗糙凸起完全被掩盖在黏性底层内，对紊流核心区的流动几乎没有影响，因而 λ 只与 Re 有关，而与 $\frac{\Delta}{d}$ 无关。

② 紊流过渡区：如图 5-12(b)所示，由于黏性底层的厚度变薄，接近粗糙凸起的高度，粗糙凸起影响紊流核心区的紊流脉动程度，因而 λ 与 Re 和 $\frac{\Delta}{d}$ 两个因素有关。

③ 紊流粗糙区：如图 5-12(c)所示，黏性底层的厚度远小于粗糙凸起的高度，粗糙凸起几乎完全突入紊流核心区内，此时 Re 的变化对黏性底层及流动的紊动程度的影响已经非常小，所以 λ 只与 $\frac{\Delta}{d}$ 有关，与 Re 无关。

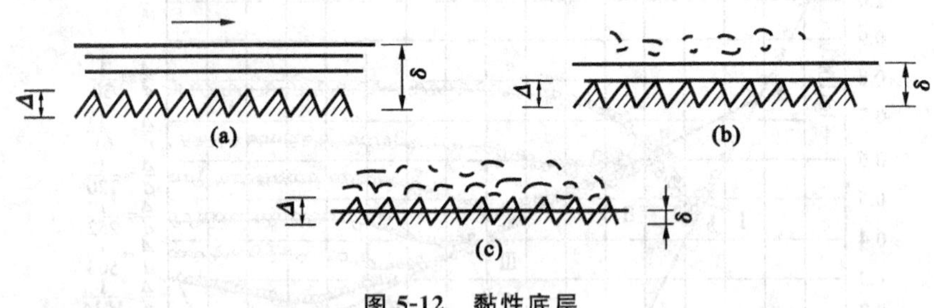

图 5-12 黏性底层

5.6.2 紊流的速度分布

1. 紊流光滑区

紊流光滑区的速度分布分为黏性底层和紊流核心两部分。在黏性底层，速度按线性分布式分布：

$$u = \frac{\tau_0}{\mu} y \quad (y < \delta)$$

在紊流核心，速度按对数分布律分布：

$$\frac{u}{v_*} = \frac{1}{\kappa} \ln y + C$$

由边界条件 $y=\delta, u=u_b$，得

$$C = \frac{u_b}{v_*} - \frac{1}{\kappa} \ln \delta$$

又由式(5-29)有

$$\delta = \frac{u_b}{\tau_0} \mu = \frac{u_b}{v_*^2} \nu$$

将 C、δ 代回式(5-34)，整理得

$$\frac{u}{v_*} = \frac{1}{\kappa} \ln \frac{y v_*}{\nu} + \frac{u_b}{v_*} - \frac{1}{\kappa} \ln \frac{u_b}{v_*}$$

或

$$\frac{u}{v_*} = \frac{1}{\kappa} \ln \frac{y v_*}{\nu} + C_1$$

根据尼古拉兹实验，取 $\beta=0.4$，$C_1=5.5$ 代入上式，并把自然对数换成常用对数，得到光滑管速度分布半经验公式为：

$$\frac{u}{v_*} = 5.75 \lg \frac{y v_*}{\nu} + 5.5 \tag{5-35}$$

2. 紊流粗糙区

圆管紊流粗糙区的流速分布半经验公式为：

$$\frac{u}{v_*} = 5.75 \lg \frac{y}{\Delta} + 8.5 \tag{5-36}$$

通过大量实测数据表明，对数流速分布公式适用于描述大多实际条件下管道紊流与明渠紊流的过流断面的流速分布。对数形式的紊流流速分布的均匀性比抛物线分布要好得多，可知紊动的发生造成了流速分布均匀化，如图 5-13 所示。

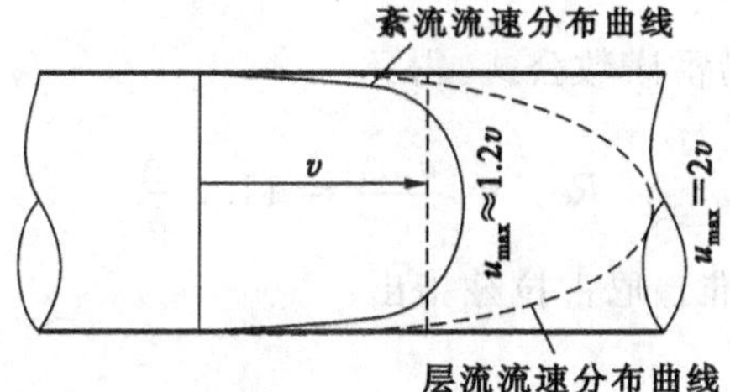

图 5-13 紊流与层流流速分布对比图

大量实测资料也表明，圆管紊流与明渠紊流断面流速分布可以表示成下列指数形式：

$$\frac{u}{u_{max}} = \left(\frac{y}{\delta_0}\right)^{\frac{1}{n}} \tag{5-37}$$

式中，δ_0 表示断面流速最大处到壁面的距离；u 随 Re 值的增大而增大；n 的取值见表 5-1。

表 5-1 **指数流速分布的 n 值**

Re	4×10^4	2.3×10^4	1.1×10^5	1.1×10^6	2.0×10^6	3.2×10^6
n	6.0	6.6	7.0	8.0	10.0	10.0

5.6.3 λ 的经验公式

对于光滑区沿程阻力系数 λ，断面平均流速为：

$$v=\frac{\int_0^{r_0} u\cdot 2\pi r\mathrm{d}r}{\pi r_0^2}$$

式中 u 以半经验公式(5-35)代入，由于黏性底层很薄，积分上限取 r_0，得

$$v=v_*\left(5.75\lg\frac{v_* r_0}{\nu}+1.75\right)$$

以 $v_*=v\sqrt{\frac{\lambda}{8}}$ 代入上式，并根据实验数据调整常数，得到紊流光滑区沿程水头损失系数 λ 的半经验公式(称为尼古拉兹光滑管公式)：

$$\frac{1}{\sqrt{\lambda}}=2\lg\frac{Re\sqrt{\lambda}}{2.51} \tag{5-38}$$

同样的推导步骤，可得到紊流粗糙区 λ 的半经验公式：

$$\frac{1}{\sqrt{\lambda}}=2\lg\frac{3.7d}{\Delta} \tag{5-39}$$

5.6.4 阻力区的判别

紊流在不同的阻力区，其沿程水头损失系数 λ 的计算公式不同，只有先对阻力区做出判别，才能选用相应的公式进行计算。

研究发现，不同阻力区是由黏性底层厚度 δ 和绝对粗糙度 Δ 的关系来确定的。根据前面提出的 δ 的计算公式 $\delta=11.6\frac{\nu}{v_*}$，并定义粗糙雷诺数 $Re_*=\frac{v_*\Delta}{\nu}$。

将 $\delta=11.6\frac{\nu}{v_*}$ 代入粗糙雷诺数公式，得：

$$Re_*=\frac{v_*\Delta}{\nu}=11.6\frac{\Delta}{\delta} \tag{5-40}$$

故 Re_* 可作为阻力分区的标准。尼古拉兹指出：

紊流光滑区

$$0<Re_*\leqslant 5 \text{ 或} \frac{\Delta}{\delta}\leqslant 0.4 \quad \lambda=f(Re)$$

紊流过渡区

$$5<Re_*\leqslant 70 \text{ 或 } 0.4<\frac{\Delta}{\delta}\leqslant 6 \quad \lambda=f\left(Re,\frac{\Delta}{d}\right)$$

紊流粗糙区

$$Re_* > 70 \text{ 或} \frac{\Delta}{\delta} > 6 \quad \lambda = f\left(\frac{\Delta}{d}\right)$$

5.6.5 管道沿程水头损失

沿程水头损失系数 λ 的计算公式都是在人工粗糙管的基础上得出的，而人工粗糙管和实际的一般工业管道有很大差异。对于紊流光滑区，虽工业管道和人工粗糙管粗糙不同，但都是被黏性底层掩盖，粗糙对紊流核心无影响。实践证明，紊流光滑区的 λ 计算公式对工业管道是适用的。而对于紊流粗糙区，要使 λ 值适用于工业管道，关键问题是如何确定公式中的 Δ 值。

在实际工程中，以尼古拉兹实验采用的人工粗糙为度量标准，把工业管道的粗糙度折算成人工粗糙度，即工业管道的当量粗糙度。所谓当量粗糙度，就是沿程水头损失系数与工业管道相等的同直径人工均匀粗糙管道的绝对粗糙度 Δ。工程上把直径相同、紊流粗糙区 λ 值相等的人工粗糙管的粗糙凸起高度 Δ 定为这种管材的当量粗糙度。把工业管道紊流粗糙区实际的 λ 值代入尼古拉兹粗糙区的 λ 计算公式，反算得出 Δ 值。

当量粗糙度综合反映了各种因素的影响，是一种能够表征壁面粗糙的特征长度。常用工业管道的当量粗糙度见表 5-2。

表 5-2 **各种壁面当量粗糙度 Δ 值**

壁面种类	Δ/mm	壁面种类	Δ/mm
清洁铜管、玻璃管	0.0015～0.01	纯水泥的表面	0.25～1.25
橡皮软管	0.01～0.03	刨平木板制成的木槽	0.25～2.0
新的无缝钢管	0.04～0.17	非刨平木板制成的木槽，水泥浆粉面	0.45～3.0
旧钢管、涂柏油的钢管	0.12～0.21	水泥浆砖砌体	0.8～6.0
普通新铸铁管	0.25～0.42	混凝土槽	0.8～9.0
旧的生锈钢管	0.60～0.67	琢石护面	1.25～6.0
污秽钢管	0.75～0.90	土渠	4.0～11.0
木管	0.25～1.25	水泥勾缝的普通块石砌体	6.0～17.0
陶土排水管	0.45～6.0	石砌渠道（干砌、中等质量）	25～45
涂有珐琅质的排水管	0.25～6.0	卵石河床（d=70～80 mm）	30～60

对于紊流区，1939 年柯列勃洛克（Colebrook）和怀特（White）给出了适用于工业管道的 λ 计算公式：

$$\frac{1}{\sqrt{\lambda}} = -2\lg\left(\frac{\Delta}{3.7d} + \frac{2.51}{Re\sqrt{\lambda}}\right) \tag{5-41}$$

由于该公式实际上是尼古拉兹光滑管和粗糙管公式的结合，因此不仅适用于过渡区，还适用于光滑区和粗糙区。该式在 $\Delta=0$ 时化为光滑管公式（5-38），在大 Re 条件下化为粗糙管公式（5-39），适用的范围较广。用此式估算的 λ 值与实验数据对比可知，其误差一般为 10%～15%，与工业管道实验结果吻合良好。

式(5-41)是一个 λ 的隐式方程，手算 λ 很不方便，哈兰德(S. E. Haland)在 1983 年提出了具有一个 λ 的显式公式：

$$\frac{1}{\sqrt{\lambda}}=-1.8\lg\left[\left(\frac{\Delta}{3.7d}\right)^{1.11}+\frac{6.9}{Re}\right] \tag{5-42}$$

为简化计算，1944 年美国工程师穆迪(Moody)以柯列勃洛克公式为基础，以相对粗糙 $\frac{\Delta}{d}$ 为参数，把 λ 作为 Re 的函数，绘制出工业管道沿程水头损失系数曲线图，该图称为穆迪图(图 5-14)。在图上按 $\frac{\Delta}{d}$ 和 Re 可直接查出 λ 值。

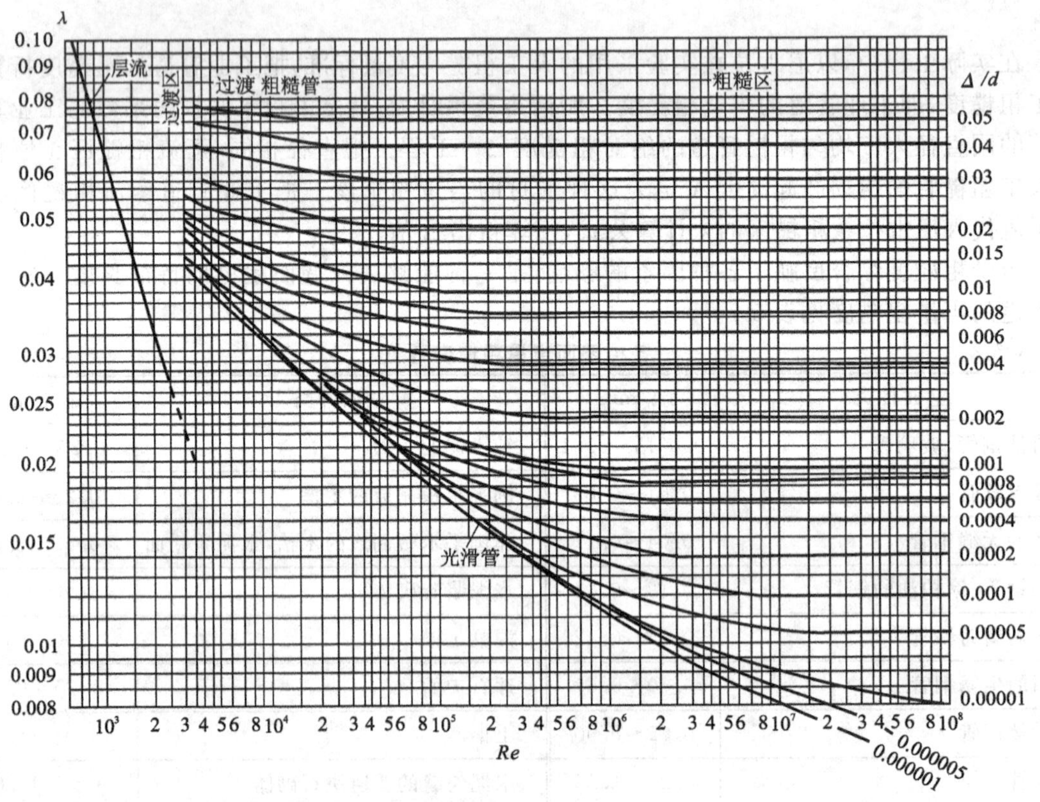

图 5-14 穆迪图

除了以上半经验公式外，还有许多根据实验资料整理而成的 λ 的经验公式，这里介绍几个广泛应用的公式。

1913 年，德国水力学家布拉修斯(Blasius)在总结前人实验资料的基础上，提出紊流光滑区经验公式：

$$\lambda=\frac{0.3164}{Re^{0.25}} \tag{5-43}$$

该公式形式简单，计算方便，在 $Re<10^5$ 的范围内，有极高的精度。

希弗林松粗糙区公式：

$$\lambda=0.11\left(\frac{\Delta}{d}\right)^{0.25} \tag{5-44}$$

该公式由于形式简单，计算方便，在工程界经常被采用。

1977 年，英国学者提出巴尔公式：

$$\frac{1}{\sqrt{\lambda}}=-2\lg\left(\frac{\Delta}{3.7d}+\frac{5.1286}{Re^{0.89}}\right) \tag{5-45}$$

该式适用范围同式(5-41)，也是一个在各阻力区通用的经验公式。与式(5-41)相比，其最大误差仅为 1%左右。由于是 λ 的显式公式，故其计算简便且更适用于编程计算。

前面介绍的都是圆管的计算公式，对于非圆断面管道，至今未能对其进行系统研究，而是从实用观点出发，将断面折算成水力半径 R 相等的圆形断面考虑，即定义非圆管的一个当量直径 $d_e=4R$，将其带入上述公式进行计算。例如，边长为 a、b 的矩形管，其当量直径为：

$$d_e=4R=\frac{4ab}{2(a+b)}=\frac{2ab}{a+b}$$

实验研究表明，明渠(渠道、河道等)紊流的沿程阻力规律与圆管紊流是相似的。在土木、水利等实际工程中遇到的明渠流一般都在阻力平方区，流动阻力的变化规律较简单。

1769 年，法国工程师谢才(Chézy)总结了明渠均匀流的实测资料，提出了计算均匀流的经验公式，即谢才公式：

$$v=C\sqrt{RJ} \tag{5-46}$$

式中　C——谢才系数，$m^{0.5}/s$。

谢才公式和前面所讲的达西公式 $h_f=\lambda\dfrac{l}{d}\dfrac{v^2}{g}$ 是完全一致的，而仅仅在表现形式上不同。我们只要将 $C=\sqrt{8g/\lambda}$ 代入谢才公式就能得到达西公式。

$$v^2=C^2RJ,\quad J=\frac{v^2}{C^2R}$$

又 $J=\dfrac{h_f}{l}=\dfrac{v^2}{C^2R}$，所以有

$$h_f=\frac{1}{C^2}\frac{l}{R}v^2=\frac{8g}{C^2}\frac{l}{4R}\frac{v^2}{2g}$$

令 $\lambda=8g/C^2$，则

$$h_f=\lambda\cdot\frac{l}{4R}\cdot\frac{v^2}{2g}=\lambda\cdot\frac{l}{d}\cdot\frac{v^2}{2g}$$

应用达西公式时，λ 值不易求得，若借助于 $\lambda=\dfrac{8g}{C^2}$，可先求出 C 值，这样可间接求出 λ 值。不管采用何种公式计算 h_f，其关键在于要确定 C 值，C 值通常按经验公式来确定。其中，应用较广的是曼宁公式。

1889 年，工程师曼宁(Manning)提出了经验公式：

$$C=\frac{1}{n}R^{\frac{1}{6}} \tag{5-47}$$

式中　n——粗糙系数，是衡量边壁粗糙影响的综合性系数，也称糙率，可查表 5-3 取值。

表 5-3　**粗糙系数 n 值**

壁面种类及状况	n	$\frac{1}{n}$
特别光滑的黄铜管、玻璃管，涂有珐琅质或其他釉料的表面	0.09	111
精致水泥浆抹面，安装及连接良好的新制清洁铸铁管及钢管，精刨木板	0.11	90.9
很好地安装的未刨木板，正常情况下无显著水锈的给水管，非常清洁的排水管，最光滑的混凝土面	0.012	83.3
良好的砖砌体，正常情况的排水管，略有积污的给水管	0.013	76.9
积污的给水管和排水管，中等情况下渠道的混凝土砌面	0.014	71.4
良好的块石圬工，旧的砖砌体，比较粗制的混凝土砌面，特别光滑、仔细开挖的岩石面	0.017	58.8
坚实的黏土渠道，不密实淤泥层（有的地方是中断的）覆盖的黄土、砾石及泥土的渠道，良好养护情况下的大土渠	0.0225	44.4
良好的干砌圬工，中等养护情况的土渠，情况极良好的天然河流（河床清洁、顺直、水流畅、无塌岸及深潭）	0.025	40.0
养护情况在中等标准以下的土渠	0.0275	36.4
情况比较不良的土渠（如部分渠底有水草、卵石或砾石，部分边坡崩塌等），水流条件良好的天然河流	0.030	33.3
情况特别坏的渠道（有不少深潭及塌岸，芦苇丛生，渠底有大石及密生的树根等），过水条件差，石子及水划数量增加，有深潭及浅滩等的弯曲河道	0.040	25.0

根据曼宁公式得：

$$v = \frac{1}{n} R^{\frac{2}{3}} J^{\frac{1}{2}} \tag{5-48}$$

曼宁公式形式简单，计算方便，对于 $n<0.02$，$R<0.5$ m 的输水管道和较小河渠，其结果与实际相符，至今仍被各国工程界广泛采用。但应用时需注意，由于实测资料来自紊流充分的阻力平方区，故从理论上仅适用于紊流粗糙区。

除用曼宁公式计算谢才系数外，常用的还有巴甫洛夫斯基公式：

$$C = \frac{1}{n} R^{y} \tag{5-49}$$

式(5-49)的实用性较好，尤其在大型渠道中。其中，y 由下式计算：

$$y = 2.5\sqrt{n} - 0.13 - 0.75\sqrt{R}(\sqrt{n} - 1) \tag{5-50}$$

或采用近似关系：

当 $R<1.0$ m 时，$y=1.5\sqrt{n}$；

当 $R>1.0$ m 时，$y=1.3\sqrt{n}$。

巴甫洛夫斯基公式的使用范围为：$0.1\ \text{m} \leqslant R \leqslant 4.0\ \text{m}$，$0.011 \leqslant n \leqslant 0.035$。

5.7 局部水头损失

5.7.1 分析

产生局部水头损失的地方,往往会发生主流与边壁脱离,在主流和边壁间形成漩涡区。

漩涡区的存在对流动会产生以下影响:

① 增大紊流的程度。

② 压缩过流断面,引起过流断面上的流速重新分布,增加了主流区某些地方的流速梯度,也就增加了流层间的切应力。

③ 漩涡区内部漩涡质点的能量不断消耗,主流与漩涡区之间不断有质量和能量的交换,并通过质点与质点间的摩擦和剧烈碰撞消耗大量机械能。因此,其局部水头损失比流段长度相同的沿程水头损失要大得多,并取决于边界变化的急剧程度。

④ 漩涡质点不断被主流带往下游,这将加剧下游在一定范围内的紊流脉动,加大了这段长度流体的局部水头损失。

由以上分析可知,边界层的分离和漩涡区的存在是造成 h_j 的主要原因。实验结果表明,漩涡区越大,漩涡强度越大,h_j 越大。

由于产生局部水头损失的机理比较复杂,故难以从理论上进行分析。除了水流突然扩大的局部水头损失在某些假设下尚能求得其计算式外,绝大多数的局部水头损失都要通过实验来确定。

5.7.2 局部水头损失系数

1. 突然扩大管

如图 5-15 所示,列出扩前断面 1—1 和扩后断面 2—2(接近均匀流)的伯努利方程,忽略两断面间的沿程水头损失,得:

$$h_j = \left(z_1 + \frac{p_1}{\rho g}\right) - \left(z_2 + \frac{p_2}{\rho g}\right) + \frac{\alpha_1 v_1^2 - \alpha_2 v_2^2}{2g} \tag{5-51}$$

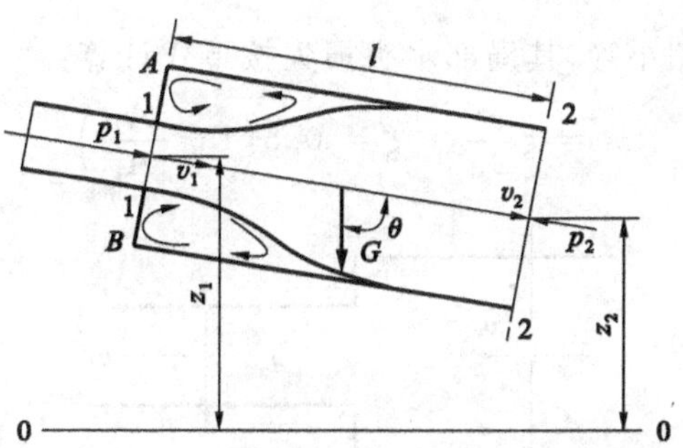

图 5-15 突然扩大管

对断面 A—B、断面 2—2 及侧壁所构成的控制体,列出流动方向的动量方程:

$$\sum F = \rho Q(\beta_2 v_2 - \beta_1 v_1)$$

式中，$\sum F$包括作用在AB面上的压力F_{AB}。这里AB虽不是渐变流断面，但据观察，该断面上压强符合静压强分布规律，故$F_{AB}=p_1A_2$[这里AB面的压力应为$F_{AB}=p_1A_1+p'(A_2-A_1)$，$p'$为环形面上的压强，通常假设$p'=p_1$]；作用在2—2断面上的压力$F_2=p_2A_2$；重力的分力$G\cos\theta=\rho gA_2(z_1-z_2)$。

管壁上的摩擦阻力忽略不计，将各项力代入动量方程，得：

$$p_1A_2-p_2A_2+\rho gA_2(z_1-z_2)=\rho Q(\beta_2 v_2-\beta_1 v_1)$$

各项除以ρgA_2，整理得

$$\left(z_1+\frac{p_1}{\rho g}\right)-\left(z_2+\frac{p_2}{\rho g}\right)=\frac{v_2}{g}(\beta_2 v_1 2-\beta_1 v_1)$$

将上式代入式(5-51)，取$\alpha_1=\alpha_2=\beta_1=\beta_2=1$，整理得

$$h_j=\frac{(v_1-v_2)^2}{2g} \tag{5-52}$$

式(5-52)称为波达-卡诺特公式，简称波达公式。

把式(5-52)变为局部水头损失的一般表达式：

$$h_j=\left(1-\frac{A_1}{A_2}\right)^2\frac{v_1{}^2}{2g}=\zeta_1\frac{v_1{}^2}{2g},\quad \zeta_1=\left(1-\frac{A_1}{A_2}\right)^2 \tag{5-53}$$

$$h_j=\left(\frac{A_2}{A_1}-1\right)^2\frac{v_2{}^2}{2g}=\zeta_2\frac{v_2{}^2}{2g},\quad \zeta_2=\left(\frac{A_2}{A_1}-1\right)^2 \tag{5-54}$$

当流体淹没出流情况下，由管道流入很大容器时，如图5-16所示，实际上是突扩管的特例，由式(5-53)，$\frac{A_1}{A_2}\approx 0$，即$\zeta_1=1$。

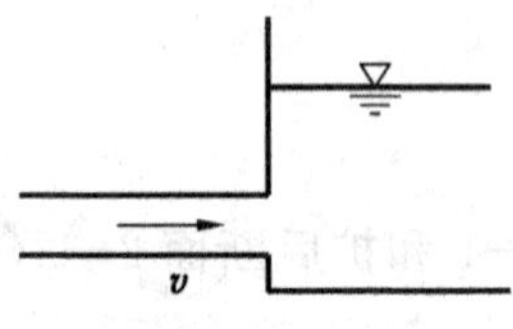

图5-16 管道出口

2. 突然缩小管

如图5-17所示的突然缩小管，其局部水头损失按下式计算：

$$h_j=\zeta\frac{v_2^2}{2g},\quad \zeta=0.5\left(1-\frac{A_2}{A_1}\right) \tag{5-55}$$

图5-17 突然缩小管

3. 进口

进口局部阻力系数 ζ 随进口形状的不同而有所不同，如图 5-18 所示。局部水头损失计算公式采用：

$$h_j = \zeta \frac{v^2}{2g}$$

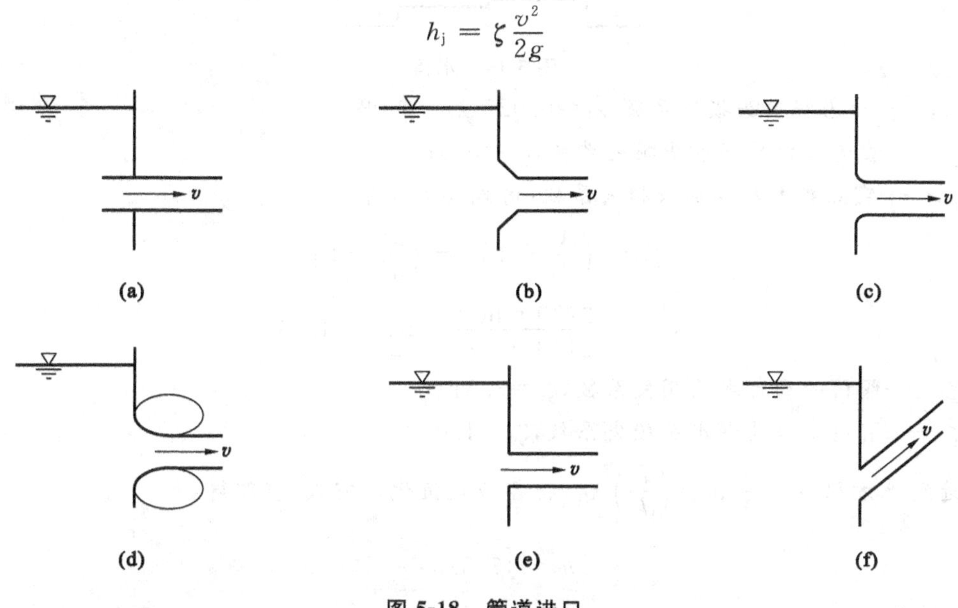

图 5-18 管道进口

(a) 内插进口，$\zeta=1.0$；(b) 切角进口，$\zeta=0.25$；(c) 圆角进口，$\xi=0.1$(圆管)或 0.2(方管)；
(d) 喇叭口，$\zeta=0.01\sim0.05$；(e) 直角进口，$\zeta=0.5$；(f) 斜角进口，$\zeta=0.5+0.3\cos\alpha+0.2\cos^2\alpha$

由于在突扩管段附近有较大的漩涡生成，且激烈旋转，而在突然收缩流段上，仅在拐角处附近有少量的漩涡产生，因此在满足一定情况下，突然扩大管比突然缩小管的局部水头损失要大。这在水利工程中有很多应用，如流道渐缩段的能量损失小，流动易趋于稳定，故常在明渠流的实验流道前设计一段渐缩管，使实验管段流态更稳定；而利用突扩管的能量损失大的特性，人们设计了水利消能设施。

5.7.3 水头线的绘制

在研究和工程实践中，有时需要确定一段管道的水头走向趋势。下面以例题来说明水头线的绘制。

【例 5-4】 如图 5-19 所示，由高位水箱向低位水箱输水，已知两水箱水面的高差 $h=3$ m，输水管段的直径和长度分别为 $d_1=40$ mm，$l_1=25$ m，$d_2=70$ mm，$l_2=15$ m；沿程水头损失系数 $\lambda_1=0.025$，$\lambda_2=0.02$；阀门的局部水头损失系数 $\zeta_v=3.5$。试求：① 输水流量；② 绘总水头线和测压管水头线。

【解】 ① 输水流量。

选两水箱水面为 1—1 断面、2—2 断面，其中，$p_1=p_2=0$，$v_1\approx v_2\approx0$；水头损失包括沿程水头损失及管道入口、突然扩大、阀门、管道出口各项局部水头损失。故列出伯努利方程，得：

$$h = h_w = \left(\lambda_1 \frac{l_1}{d_1} + \zeta_e\right)\frac{v_1^2}{2g} + \left(\lambda_2 \frac{l_2}{d_2} + \zeta_{se} + \zeta_v + \zeta_0\right)\frac{v_2^2}{2g}$$

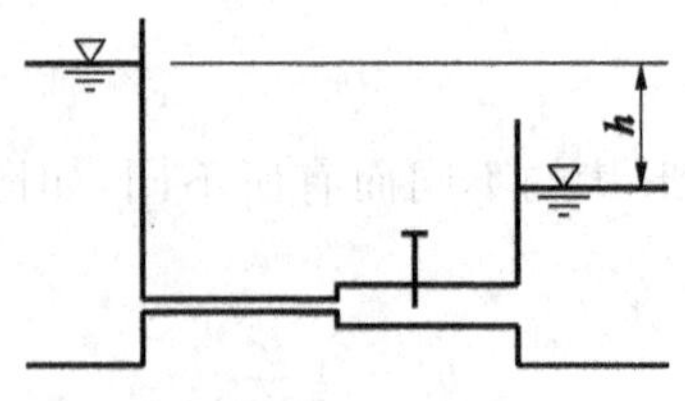

图 5-19　水箱

式中　λ_1,λ_2——沿程水头损失系数，$\lambda_1=0.025$，$\lambda_2=0.02$；

ζ_e——管道入口局部水头损失系数，$\zeta_e=0.5$；

ζ_{se}——突然扩大局部水头损失系数，由式(5-54)得

$$\zeta_{se}=\left(\frac{A_2}{A_1}-1\right)^2=\left(\frac{d_2^2}{d_1^2}-1\right)^2$$

$$=\left[\frac{(70\ \text{mm})^2}{(40\ \text{mm})^2}-1\right]^2=4.25$$

ζ_v——阀门的局部水头损失系数，$\zeta_v=3.5$；

ζ_0——管道出口局部水头损失系数，$\zeta_0=1.0$。

由连续性方程 $v_2=\dfrac{A_1}{A_2}v_1=\left(\dfrac{d_1}{d_2}\right)^2v_1$，将各项数值代入前式，整理得：

$$h=17.515\,\frac{v_1^2}{2g}$$

$$v_1=\sqrt{\frac{2gh}{17.515}}=\sqrt{\frac{2\times 9.8\ \text{m/s}^2\times 3\ \text{m}}{17.515}}=1.83\ \text{m/s}$$

$$Q=v_1A_1=v_1\,\frac{\pi d_1^2}{4}=1.83\ \text{m/s}\times\frac{3.14\times(0.04\ \text{m})^2}{4}=2.30\times 10^{-3}\ \text{m}^3/\text{s}$$

② 绘制水头线和测压管水头线。

a. 按 1—1 断面总的水头 H_1 定出总水头线的起始高度，本例总水头线的起始高度与高位水箱的水面齐平。

b. 计算各管段的沿程水头损失和局部水头损失，自 1—1 断面的总水头线，沿程依次减去各项水头损失，便得到总水头线。

c. 由总水头线向下减去各管段的速度水头，可得测压管水头线。在等直径管段，速度水头不变，测压管水头线与总水头线平行。

d. 若管道淹没出流，测压管水头线落在下游开口容器的水平面上；若自由出流，测压管水头线应止于管道出口断面的形心。

按上述步骤绘制的总水头线和测压管水头线如图 5-20 所示。

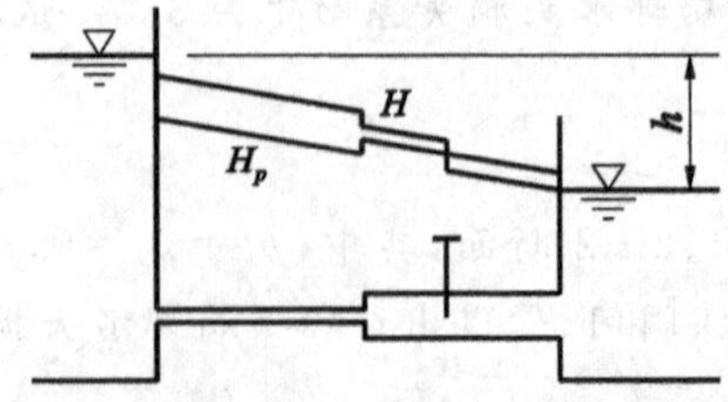

图 5-20　例 5-4 的总水头线和测压管水头线

5.8　边界层与绕流阻力

物体绕流的流场位于物体的外部，故称为外流。物体以速度 U_0 运动时，会带动周围的流体，但远离物体处流体保持原来的状态。在随物体一起运动的坐标系下观察，相当于固定不动的物体放置于均匀平行来流之中，两种情况下的作用效果相当。

研究发现，将静止物体放入运动流体中进行实验研究，比研究运动物体通过静止流体的实验要简单。据此，我们可以在风洞中测试飞机模型，在水道中测试鱼雷模型，从而得到飞机、鱼雷通过静止流体时的有关性能参数。

流体作用在绕流物体表面的合力可分解为绕流阻力和升力。绕流阻力与边界层有密切关系。无重力作用的绕流场叠加上压强后，通常等价于重力作用下的流场，分析绕流时可忽略重力。

5.8.1　边界层的概念

如图 5-21 所示，当均匀来流以流速 U_0 经过平板表面的前缘时，紧靠平板的一层流体质点由于黏性作用而黏附在平板表面(壁面无滑移)，速度为零。靠外的流体将受到这一层流体的阻滞，流速随之降低。距壁面越远，流速降低越小。当至壁面一定距离处，其流速将接近于原来的流速 U_0。

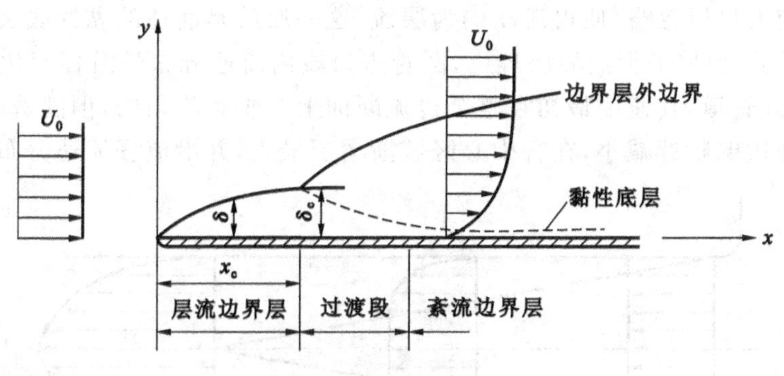

图 5-21　平板绕流

由于黏性作用的影响，从平板表面至未扰动的流体之间存在着一个流速分布不均匀的区域，速度梯度大，且存在较大切应力。这一黏性作用不能忽略的靠近壁面的薄层称为边界层。从平板表面沿外法线到流速 $u_x=0.99U_0$ 处的距离称为边界层的厚度，以 δ 表示。

利用边界层的概念，流场的求解可分为两个区来进行：

① 边界层内流动，该层必须计入流体黏性的影响，但由于边界层较薄，使 N-S 方程得以简化，可利用动量方程求得近似解；

② 边界层外流动，流速梯度为零，无内摩擦力发生，因而可视为理想流体的流动，按势流求解。

边界层是黏性流动，必定发生层流与紊流两种流态。如图 5-21 所示，平板边界层内的流动，开始处于层流状态，并且其厚度沿程增加，经过一个过渡段后，层流边界层将转变为紊流边界层。因此，平板边界层内雷诺数的表达式为：

$$Re_x = \frac{U_0 x}{\nu} \tag{5-56}$$

式中　Re_x——断面 x 处的当地雷诺数。

式(5-56)表明，至板端距离越远，雷诺数越大。

当雷诺数达到某一临界值时，流体由层流转变为紊流。由层流转变为紊流的过渡点称为转折点。此时 $x=x_c$，其相应的雷诺数为：

$$Re_c = \frac{U_0 x_c}{\nu} \tag{5-57}$$

式中　Re_c——临界雷诺数。

其值大小与来流的脉动程度有关，脉动强，Re_c 小。光滑平板边界层临界雷诺数 Re_c 的范围为 $3\times10^5 \sim 3\times10^6$。

实验表明，平板边界层厚度可用以下公式计算。

层流边界层：

$$\delta = \frac{5x}{Re_x^{1/2}} \tag{5-58}$$

紊流边界层：

$$\delta = \frac{0.377x}{Re_x^{1/5}} \tag{5-59}$$

在紊流边界层内，最靠近平板的地方还有一薄层，流速梯度很大，黏性切应力仍起主要作用，紊流附加切应力可以忽略，使得流动仍为层流，这一层就是前述的黏性底层。

如图 5-22 所示，根据平板边界层理论，圆管进口段内流速分布是沿程变化的，水由水箱经光滑圆形进口流入管道，其速度最初在整个过流断面上几乎是均匀的，但随着沿流动方向的边界层发展，流速在边壁附近减小，在管中心区域渐增至最大，并沿流程流速分布不再变化。

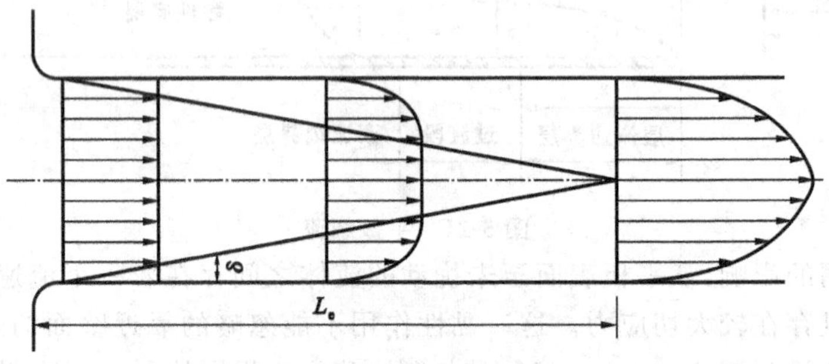

图 5-22　管道进口段边界层

从进口到管中心流速达到最大，即边界层厚度发展到圆管中心的断面之间的管道称为起始段。完整的紊流起始段长度经验值 $L_e=(50\sim100)d$，但一般认为当 $L_e<(20\sim40)d$ 时，流动已接近均匀。

5.8.2　边界层分离

流体沿壁面流动时将产生边界层，并沿流向厚度增大。在这一过程中，可能产生边界层与过流壁面脱离的现象，这一现象就是边界层分离。

边界层内部流体的运动主要受以下三种力的作用：

① 边界层外边界的拉力，在层流边界层中通过黏性剪应力作用，在紊流边界层中通过动量交换作用。

② 固体表面的黏滞阻力，其作用是保持贴近固体表面的流体层的稳定。

③ 沿边界层表面的压力梯度，在流动方向上随着压强降低（顺压梯度，$dp/dx<0$），流速增大；反之（逆压梯度，$dp/dx>0$），流速减小。

对于平板绕流，当压强梯度保持为零，即 $dp/dx=0$ 时，无论平板有多长，都不会发生分离，这时边界层只会沿流向连续增厚。然而，当边界沿流向扩散时，压强梯度为正（即 $dp/dx>0$），边界层迅速增厚，便会发生边界层分离。边界层内流体动能，既要转换为逐渐增大的压强势能，还要消耗沿程的能量损失，从而导致边界层内流体流动停滞下来，速度变为零（图 5-23 中 S 点处）。S 点后速度不可能继续降低，而压力继续增大的趋势不变，因此靠近物体表面的质点反向逆流，在 S 点出现回流。上游来流被迫脱离固体边壁前进，分离便由此产生。如图 5-23 所示，在分离点 S 处，有

$$\tau_0 = \mu\left(\frac{\partial u}{\partial y}\right)_{y=0} = 0$$

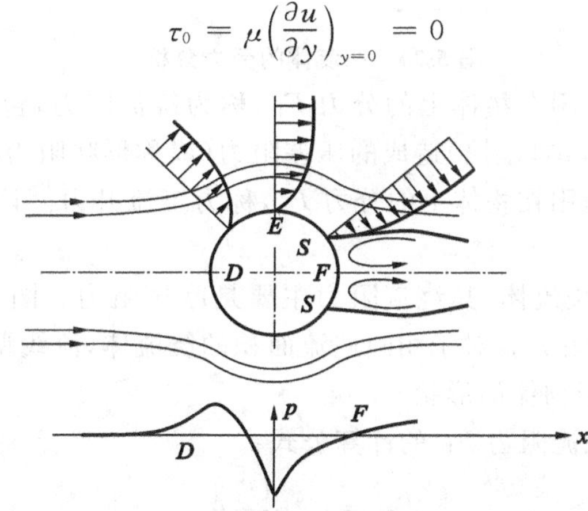

图 5-23 曲面边界层的分离

自分离点 S 起，在下游近壁处形成回流（或漩涡）。通常把分离流线与物体边界所围的下游区域称为尾流。这种不断积聚、不规则的、紊乱的漩涡流动一般向下游延伸很远，直到漩涡在黏滞阻力作用下耗尽。尾流将使局部损失增大，压强降低，从而使绕流体前后形成较大的压差阻力。此外，回流还会引起基础淘刷，泥沙淤积。漩涡的强烈紊动还可能诱发随机振动，使绕流结构破坏，并且尾流越大，后果越严重。减小尾流的主要途径是使绕流体体形尽可能流线型化。

尽管层流、紊流边界层从本质上说同样存在分离点，但是绕流曲面物体边界层分离点的位置在这两种情况下是不同的。层流边界层中外边界处流动速度大，由于黏滞应力作用，接近壁面处流体速度变小，动能几乎消失，因此层流边界层不稳定，不足以抵抗逆压梯度，致使边界层分离点较早产生；相反，紊流边界层中外边界速度较快流体与内部速度较慢流体之间的剧烈混掺，导致靠近边界的流体平均速度增加较快，这种能量增大使边界层抗逆压梯度的能力增加，从而使紊流边界层分离点顺流推移到高压区。

边界层概念是 1904 年普朗特首先提出来的。边界层理论在现代流体力学的发展史上有重要意义，特别在航空、船舶和流体机械等方面的研究中有着极其重要的作用。水利工程中常遇见的管渠流动，除进口部分外，几乎全部流动区域都属于边界层流动。

5.8.3 卡门涡街与绕流阻力

当$Re=U_0d/\nu$达到一定数值时，绕流体发生边界层分离，形成绕流体两侧交替脱落的漩涡，被带向下游，排成两列，称为卡门涡街。这种周期性发生的涡街可使绕流体受到交替方向的横向力，并由此引起绕流体的横向振动。若涡街的频率与绕流体自振频率一致，就会发生共振，对建筑物造成危害。

当流体与淹没在流体中的物体做相对运动时，物体所受的流体作用力按其方向可分为两个分力，如图5-24所示。

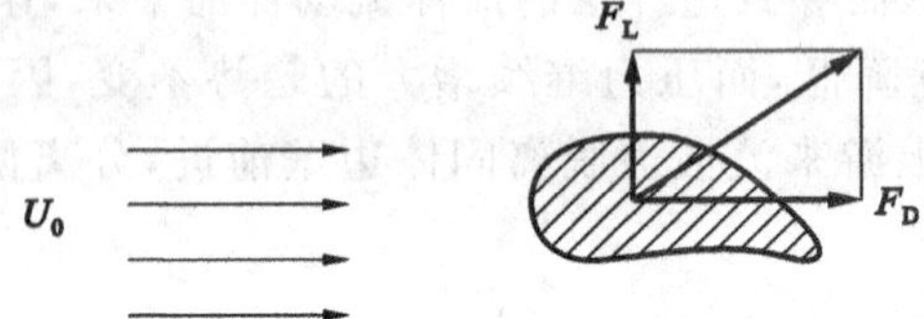

图5-24 绕流体的受力分析

① 平行于流动方向，作用在物体上的分力F_D，称为绕流阻力，包括由边界层内的黏性造成的摩擦阻力和由边界层分离（漩涡）造成的压差阻力（或称形状阻力）两部分。

② 垂直于流动方向，作用在物体上的分力F_L，称为绕流升力。该力只可能发生在非对称（或斜置对称）的绕流体上。

图5-24所示为流线型绕流体，其绕流阻力主要是摩擦阻力。图5-23所示为圆柱形绕流体，其绕流阻力主要是压差阻力。对于相同迎流面积的绕流体，流线型的绕流阻力是圆柱形的1/10。压差阻力主要取决于物体的形状。

1726年，牛顿提出了绕流阻力F_D的计算公式：

$$F_D = C_D\rho\frac{U_0^2}{2}A \tag{5-60}$$

式中 C_D——绕流阻力因数，其值主要取决于绕流体体形和雷诺数Re，可查有关图表；

ρ——流体密度；

U_0——未受扰动的来流与绕流体的相对速度；

A——绕流物体与来流垂直的迎流投影面积。

式(5-60)可适用于各种体形的绕流阻力计算。

独立思考

5-1　汽车为什么要设计成流线型？

5-2　绕流阻力是如何形成的？如何计算绕流阻力？如何减小物体的绕流阻力？

5-3　雷诺数的物理意义是什么？为什么它能起到判别流态的作用？

5-4　水力光滑管真的光滑吗？

5-5　两个不同管径的管道，通过不同黏性的流体，两者的临界雷诺数和临界流速是否相同？

5-6　卡门涡街有何实际应用？

5-7　为什么紊流研究中有很多经验公式？

5-8　什么是紊流的脉动现象？紊流有脉动，但又有恒定流，两者有无矛盾，为什么？

5-9　紊流中为什么存在黏性底层？其厚度对紊流分析有何意义？

5-10　边界层内是否一定是层流？影响边界层内流态的主要因素有哪些？边界层分离是如何形成的？

习　题

5-1　局部水头损失产生的主要原因是（　　）。

A. 流体黏性　　B. 流速变化　　C. 壁面切应力　　D. 局部漩涡

5-2　两根等长、等直径的管道，绝对粗糙度相同，分别输送不同的流体，如果雷诺数相同，则两管的（　　）相等。

A. 沿程水头损失　　B. 流动速度　　C. 内摩擦力　　D. 沿程水头损失系数

5-3　明渠流中，雷诺数 Re_R 为（　　）。

A. $\frac{vR}{\mu}$　　B. $\frac{\mu v}{R}$　　C. $\frac{vR}{\nu}$　　D. $\frac{vR\mu}{\rho}$

5-4　三通管直径分别为 d、$2d$、$3d$，通过的流量分别为 Q、$2Q$、$3Q$，通过的介质和介质的温度相同，其雷诺数之比 $Re_1:Re_2:Re_3$ 为（　　）。

A. 1∶1∶1　　B. 1∶2∶3　　C. 3∶2∶1　　D. 1∶2∶1

5-5　均匀流基本方程 $\tau_0=\rho gRJ$（　　）。

A. 适用于层流　　B. 适用于紊流

C. 层流和紊流均适用　　D. 层流和紊流均不适用

5-6　圆管层流运动，实测管轴线上流速为 0.9 m/s，则断面平均流速为（　　）m/s。

A. 0.3　　B. 0.45　　C. 0.6　　D. 0.9

5-7　圆管中层流的断面流速分布符合（　　）。

A. 均匀分布　　B. 直线分布　　C. 抛物线分布　　D. 对数曲线分布

5-8　关于绕流阻力，正确的叙述是（　　）。

A. 绕流阻力由流体黏性产生，也称黏性阻力

B. 绕流阻力可分为摩擦阻力和压差阻力

C. 绕流阻力是物面上压应力在来流方向的总和

D. 绕流阻力即物体表面上所受到的摩擦力

5-9 水流在粗糙区流动，关于沿程水头损失系数 λ 的确定，下列说法最合适的是(　　)。

A. 由雷诺数和绝对粗糙度确定　　B. 由雷诺数和相对粗糙度确定

C. 由相对粗糙度确定　　D. 由雷诺数确定

5-10 圆管紊流过渡区的沿程水头损失系数 λ 与(　　)有关(l 为管长)。

A. Re　　B. $\frac{\Delta}{d}$　　C. Re 和$\frac{\Delta}{d}$　　D. Re 和$\frac{\Delta}{l}$

5-11 某管路直径 $d=200$ mm，流量 $Q=0.094$ m^3/s，水力坡度 $J=4.6\%$。试求该管道的沿程水头损失系数 λ 值。

5-12 设有一均匀流管路，直径 $d=0.2$ m，长度 $l=100$ m，水力坡度 $J=0.8\%$。试求：① 边壁上的切应力 τ_0；② 100 m 长管上的沿程水头损失 h_f。

5-13 有一管道，已知半径 $r_0=150$ mm，层流时水力坡度 $J=0.15\%$，紊流时水力坡度 $J=0.20\%$。试求：① 边壁上的切应力 τ_0；② 离管轴 $r=100$ mm 处的切应力 τ。

5-14 圆管直径 $d=15$ mm，其中流速为 0.15 m/s，水温为 15 ℃，其黏性系数 $\nu=1.146\times 10^{-6}$ m^2/s。试判断水流是层流还是紊流。

5-15 如图 5-25 所示，有三个管道，其断面形状分别为圆形、正方形和矩形，它们的过流断面面积相等，水力坡度也相等。试求：① 三者边壁上的切应力之比；② 当沿程水头损失系数 λ 相等时，三者的流量之比。

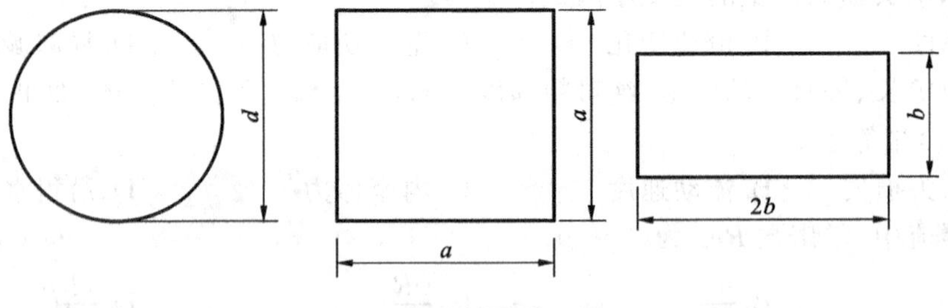

图 5-25　习题 5-15 图

5-16 输油管直径 $d=150$ mm，油的运动黏性系数 $\nu=0.2\times 10^{-4}$ m^2/s，求保持管中流动为层流的最大流速为多少？

5-17 要测半径为 r_0 的圆管层流中的断面平均流速 v，皮托管的针头应放在什么位置？

5-18 做沿程水头损失实验的管道直径 $d=15$ mm，量测段长度 $l=4$ m，水温 $T=5$ ℃。试求：① 当流量 $Q=3.0\times 10^{-5}$ m^3/s 时，管中的流态；② 此时的沿程水头损失系数 λ；③ 量测段的沿程水头损失 h_f。

5-19 一普通铸铁水管，直径 $d=500$ mm，取管壁的当量粗糙度 $\Delta=0.5$ mm，水温 $T=15$ ℃。试求：① 当流量 $Q_1=3.0\times 10^{-3}$ m^3/s 时的沿程水头损失系数 λ_1；② 当流量 $Q_2=0.1$ m^3/s时的沿程水头损失系数 λ_2；③ 当流量 $Q_3=2$ m^3/s 时的沿程水头损失系数 λ_3。

5-20 铸铁管长度 $l=1000$ m，内径 $d=300$ mm，管壁当量粗糙度 $\Delta=1.2$ mm，水温 $T=10$ ℃。试求当水头损失 $h_f=7.05$ m 时所通过的流量。

参考文献

[1] 方达宪,张红亚.流体力学[M].武汉:武汉大学出版社,2013.

[2] [美]E. John Finnemore, Joseph B. Franzini.流体力学及其工程应用[M].钱翼稷,周玉文,等,译.北京:机械工业出版社,2009.

[3] 程军.流体力学学习方法及解题指导[M].上海:同济大学出版社,2004.

[4] 谢振华.工程流体力学[M].4版.北京:冶金工业出版社,2013.

[5] 陈卓如.工程流体力学[M].3版.北京:高等教育出版社,2013.

[6] 毛根海.应用流体力学[M].北京:高等教育出版社,2006.

[7] 吴持恭.水力学:上册[M].4版.北京:高等教育出版社,2008.

[8] 刘鹤年.流体力学[M].2版.北京:中国建筑工业出版社,2004.